U0191708

2023

癸卯

1

日	一	二	三	四	五	六
1 元旦	2 十一	3 十二	4 十三	5 小寒	6 十五	7 十六
8 十七	9 十八	10 十九	11 二十	12 廿一	13 廿二	14 廿三
15 廿四	16 廿五	17 廿六	18 廿七	19 廿八	20 大寒	21 除夕
22 春节	23 初二	24 初三	25 初四	26 初五	27 初六	28 初七
29 初八	30 初九	31 初十				

2

日	一	二	三	四	五	六
			1 十一	2 十二	3 十三	4 立春
5 元宵节	6 十六	7 十七	8 十八	9 十九	10 二十	11 廿一
12 廿二	13 廿三	14 廿四	15 廿五	16 廿六	17 廿七	18 廿八
19 雨水	20 二月大	21 初二	22 初三	23 初四	24 初五	25 初六
26 初七	27 初八	28 初九				

3

日	一	二	三	四	五	六
			1 初十	2 十一	3 十二	4 十三
5 十四	6 惊蛰	7 十六	8 妇女节	9 十八	10 十九	11 二十
12 植树节	13 廿二	14 廿三	15 廿四	16 廿五	17 廿六	18 廿七
19 廿八	20 廿九	21 春分	22 闰二月	23 初二	24 初三	25 初四
26 初五	27 初六	28 初七	29 初八	30 初九	31 初十	

4

日	一	二	三	四	五	六
						1 十一
2 十二	3 十三	4 十四	5 清明	6 十六	7 十七	8 十八
9 十九	10 二十	11 廿一	12 廿二	13 廿三	14 廿四	15 廿五
16 廿六	17 廿七	18 廿八	19 廿九	20 谷雨	21 初二	22 初三
23 初四	24 初五	25 初六	26 初七	27 初八	28 初九	29 初十
30 十一						

5

日	一	二	三	四	五	六
	1 劳动节	2 十三	3 十四	4 青年节	5 十六	6 立夏
7 十八	8 十九	9 二十	10 廿一	11 廿二	12 廿三	13 廿四
14 廿五	15 廿六	16 廿七	17 廿八	18 廿九	19 四月大	20 初二
21 小满	22 初四	23 初五	24 初六	25 初七	26 初八	27 初九
28 初十	29 十一	30 十二	31 十三			

6

日	一	二	三	四	五	六
				1 儿童节	2 十五	3 十六
4 十七	5 十八	6 芒种	7 二十	8 廿一	9 廿二	10 廿三
11 廿四	12 廿五	13 廿六	14 廿七	15 廿八	16 廿九	17 三十
18 五月大	19 初二	20 初三	21 夏至	22 端午节	23 初六	24 初七
25 初八	26 初九	27 初十	28 十一	29 十二	30 十三	

7

日	一	二	三	四	五	六
						1 建党节
2 十五	3 十六	4 十七	5 十八	6 十九	7 小暑	8 廿一
9 廿二	10 廿三	11 廿四	12 廿五	13 廿六	14 廿七	15 廿八
16 廿九	17 三十	18 六月小	19 初二	20 初三	21 初四	22 初五
23 大暑	24 初七	25 初八	26 初九	27 初十	28 十一	29 十二
30 十三	31 十四					

8

日	一	二	三	四	五	六
		1 建军节	2 十六	3 十七	4 十八	5 十九
6 二十	7 廿一	8 立秋	9 廿三	10 廿四	11 廿五	12 廿六
13 廿七	14 廿八	15 廿九	16 七月大	17 初二	18 初三	19 初四
20 初五	21 初六	22 七夕	23 处暑	24 初九	25 初十	26 十一
27 十二	28 十三	29 十四	30 中元节	31 十六		

9

日	一	二	三	四	五	六
					1 十七	2 十八
3 十九	4 二十	5 廿一	6 廿二	7 廿三	8 白露	9 廿五
10 教师节	11 廿七	12 廿八	13 廿九	14 三十	15 八月大	16 初二
17 初三	18 初四	19 初五	20 初六	21 初七	22 初八	23 秋分
24 初十	25 十一	26 十二	27 十三	28 十四	29 中秋节	30 十六

10

日	一	二	三	四	五	六
1 国庆节	2 十八	3 十九	4 二十	5 廿一	6 廿二	7 廿三
8 寒露	9 廿五	10 廿六	11 廿七	12 廿八	13 廿九	14 三十
15 九月小	16 初二	17 初三	18 初四	19 初五	20 初六	21 初七
22 初八	23 重阳节	24 霜降	25 十一	26 十二	27 十三	28 十四
29 十五	30 十六	31 十七				

11

日	一	二	三	四	五	六
			1 十八	2 十九	3 二十	4 廿一
5 廿二	6 廿三	7 廿四	8 立冬	9 廿六	10 廿七	11 廿八
12 廿九	13 十月大	14 初二	15 初三	16 初四	17 初五	18 初六
19 初七	20 初八	21 初九	22 小雪	23 十一	24 十二	25 十三
26 十四	27 十五	28 十六	29 十七	30 十八		

12

日	一	二	三	四	五	六
					1 十九	2 二十
3 廿一	4 廿二	5 廿三	6 廿四	7 大雪	8 廿六	9 廿七
10 廿八	11 廿九	12 三十	13 十一月小	14 初二	15 初三	16 初四
17 初五	18 初六	19 初七	20 初八	21 初九	22 冬至	23 十一
24 十二	25 十三	26 十四	27 十五	28 十六	29 十七	30 十八
31 十九						

癸卯

人民美術出版社

人民美术出版社成立于1951年，由毛泽东主席亲自提议成立，周恩来总理亲笔题写社名，是新中国第一个美术出版机构，连环画出版社为其副牌社。

70年来，人民美术出版社出版图书逾万种，荣获中国出版政府奖、“五个一”工程奖、中国图书奖、中国优秀出版物奖、中国好书奖、莱比锡国际书籍艺术展览会装帧金质奖等国内外各类大奖数百种，形成了美术专业、美术教育、连环画和美术期刊四大优势出版板块。出版了新中国第一套中小学教科书《美术》《中国美术全集》，连环画《我要读书》《地球的红飘带》《长征1936》《水浒传》和在美术界的享有盛誉的“大红袍”名家画集，以及《中国美术》《连环画报》等10种期刊。特别是党的十八大以来，人民美术出版社深入贯彻习近平新时代中国特色社会主义思想，弘扬“中正大雅、朴真至美”的人美精神，秉承“导向金不换，质量高于天”的办社宗旨，继往开来，推行“出版的人美、美术的人美、教育的人美、数字的人美”的“四个人美”发展战略，立足新美育时代，出版了第一套中小学《美育》教材和《非凡百年奋斗路——庆祝中国共产党成立100周年百种经典连环画》《最美奋斗者》《人美画谱》《人美书谱》《人美学术文库》《人美版高校精品教材大系》等重点出版物，创办人美美育学堂，成为集美术出版、美术教育、美术展览于一体的综合性美术机构，综合实力名列美术类出版社前茅。

人民美术出版社从建立到发展，离不开一代又一代杰出作者、艺术家的参与。70年来，一大批闪耀在中国现代美术史上的名字，都曾出现在人民美术出版社的编审委员、编辑、作者名单中。1951年9月由政务院批准成立社务委员会，委员有郑振铎、黄洛峰、江丰、严文井、蔡若虹、萨空了、朱丹7人，由出版总署批准委任的编审委员会委员有徐悲鸿、王冶秋、张仲实、胡蛮、王朝闻、蔡仪、张仃、华君武、叶浅予等社会知名人士和专家，更走出了邵宇、古元、黄苗子、王叔晖、刘继卣、任率英、卜孝怀等著名艺术家。70年来，人民美术出版社与广大优秀艺术家共同创造了“大红袍”出版品牌，从早期的齐白石、徐悲鸿、张大千、李可染、吴冠中等开始，至今已推出300余位画家的作品集，成为国家重点美术出版工程。

2023

一月大

壬寅年十二月大 **初十日**	十四小寒	元旦 **星期日**

人民美術出版社

人民美术出版社立足发现优秀艺术家，挖掘美术新生力量，不断深化与高等院校的合作，打造了“人美高校行”“人美毕业季”等品牌活动，并开展了“人美学术出版基金”资助项目，展现当代美术院校的学术风貌和研究成果。以人美美术馆和人美画店为平台，进一步拉长产业链，为艺术家提供集出版、展览、艺术品经营于一体的综合服务。未来，人民美术出版社将继续推动美术创作队伍和出版队伍的通力合作，与广大艺术家携手走出美术创作出版的常青之道。

原刻一说为钱君匋，
一说为刘冰庵，已遗失。

张建平2022年复刻。

2023
一月大

壬寅年十二月大 **十一日**	十四小寒	二九第三天 **星期一**

MONDAY, JAN. 2

人民美術出版社

人美“大红袍”画册选册

2023
一月大

3

壬寅年十二月大 十二日	十四小寒	二九第四天 星期二

人民美術出版社

中小学课本及高等美术教育教材、教辅选册展示

2023

一月大

4

壬寅年十二月大 十三日	明日小寒	二九第五天 星期三

人民美術出版社

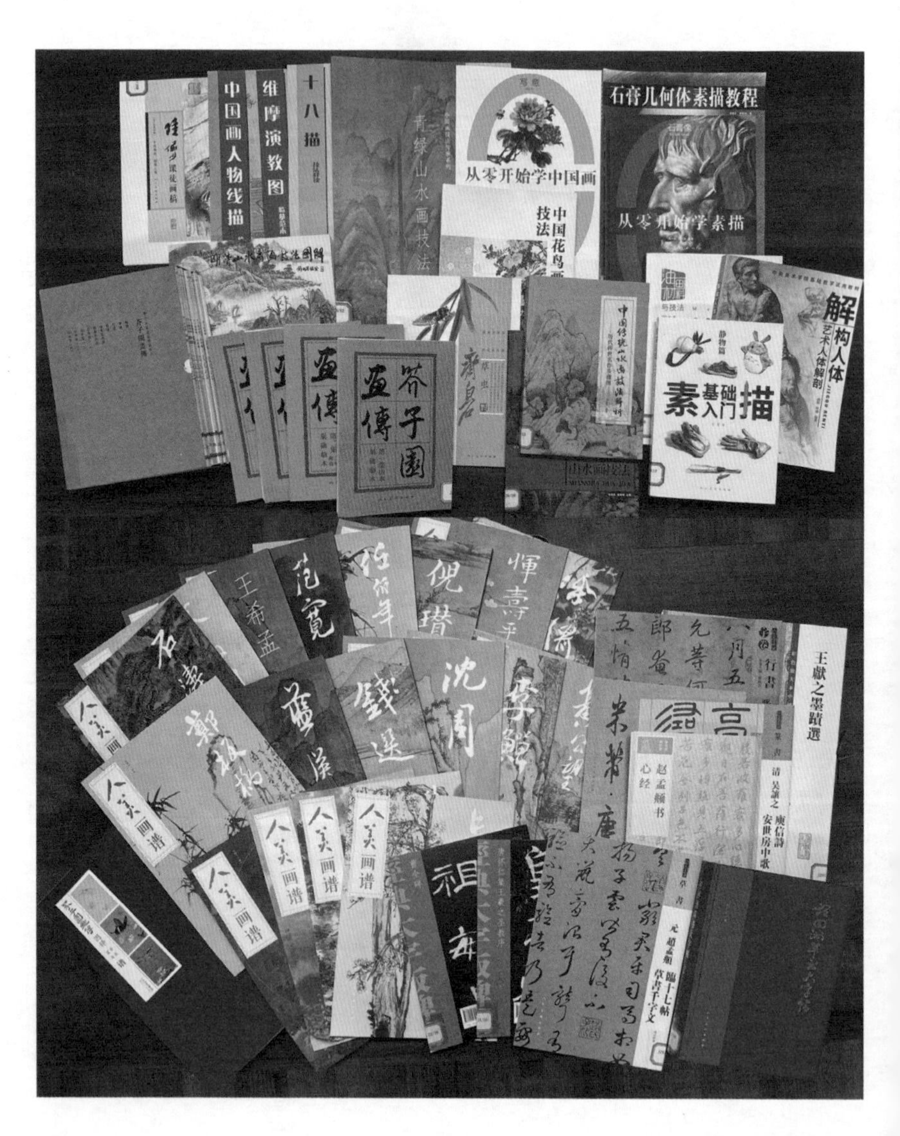

绘画技法类图书选册展示

2023
一月大

壬寅年十二月大 十四日	今日小寒	二九第六天 星期四

THURSDAY, JAN. 5

人民美術出版社

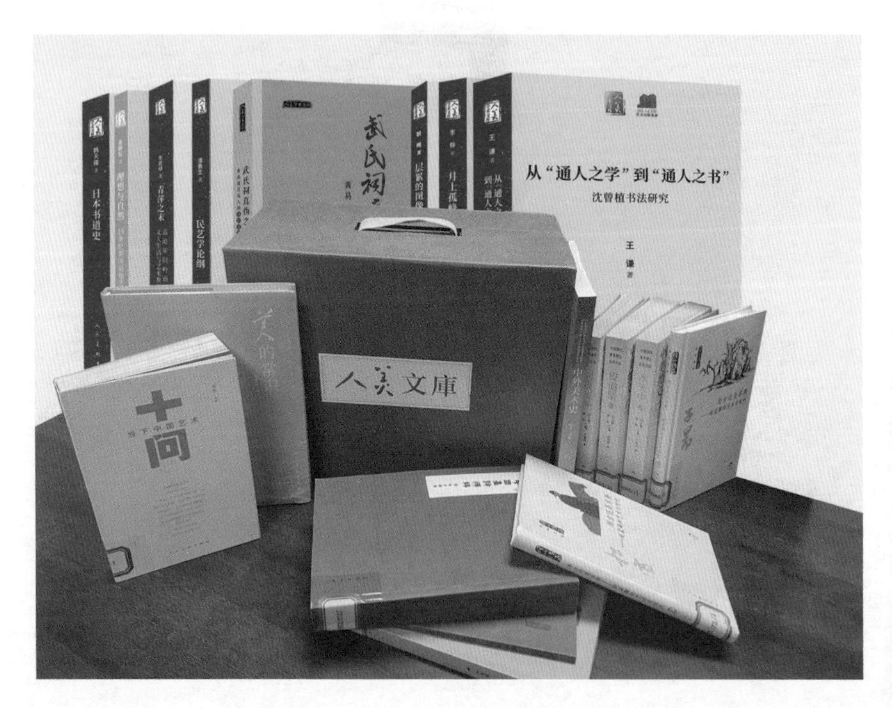

人美学术理论类图书选册展示

2023

一月大

6

壬寅年十二月大 **十五日**	廿九大寒	二九第七天 **星期五**

人民美術出版社

连环画、绘本类图书选册展示

7 8

星期六		星期日
二九第八天 十六日	廿九大寒	二九第九天 十七日

人民美術出版社

美育类图书选册

2023

一月大

9

壬寅年十二月大 十八日	廿九大寒	三九第一天 星期一

MONDAY, JAN. 9

人民美術出版社

人美期刊选册

2023
一月大

10

壬寅年十二月大 **十九日**	廿九大寒	三九第二天 **星期二**

人民美術出版社

年画、宣传画类选图

2023
一月大

壬寅年十二月大 二十日	廿九大寒	三九第三天 星期三

WEDNESDAY, JAN. 11

人民美術出版社

人美美术馆

2023

一月大

12

壬寅年十二月大 **廿一日**	廿九大寒	三九第四天 **星期四**

人民美術出版社

人美美育学堂

2023

一月大

13

壬寅年十二月大 **廿二日**	廿九大寒	三九第五天 **星期五**

人民美術出版社

人美画店

14		15
星期六		星期日
小年 廿三日	廿九大寒	三九第七天 廿四日

人民美術出版社

最美美术教师大会

2023
一月大

16

壬寅年十二月大 **廿五日**	廿九大寒	三九第八天 **星期一**

人民美術出版社

百佳 我们身边的美育校长

人美年度教育人物评选活动

「2021」

2021“人美年度教育人物——百佳美育校长”获奖名单公布

原创 关注订阅→ 人美 2022-03-09 16:24

中正大雅　朴真至美

2021年是人民美术出版社成立70周年。经中宣部批准，9月26日召开了“推进新时代美育出版创新暨人民美术出版社成立70周年座谈会”。中共中央政治局委员、书记处书记、中宣部部长黄坤明等领导同志到人民美术出版社视察调研。领导同志对全国美术出版事业改革发展提出了新要求、新期望，对新时代美育工作指明了前进方向。

2021“人美年度教育人物——百佳美育校长”的全国性评选活动是庆祝人民美术出版社成立70周年系列活动的延续，是为了更好地贯彻落实“高尚的、精致的、独到的美学追求”。此次活动自2021年12月3日启动以来，得到了全国各级教育主管部门、教研员等相关教育专家、全国中小学校长及师生们的热切关注和热情支持。

百佳美育校长评选活动

2023

一月大

17

壬寅年十二月大 **廿六日**	廿九大寒	三九第九天 **星期二**

TUESDAY, JAN. 17

人民美術出版社

美育服务平台评选活动

2023

一月大

18

壬寅年十二月大 **廿七日**	廿九大寒	四九第一天 **星期三**

WEDNESDAY, JAN. 18

2020
人美年度艺术人物
评选活动
活动时间：2020年12月18日—2020年12月31日
人美年度艺术家
人美年度美术教育人物
评选
2018
人美嗨拍（首拍）

人美年度艺术人物

2023
一月大

19

壬寅年十二月大 **廿八日**	明日大寒	四九第二天 **星期四**

THURSDAY, JAN. 19

中央美術學院

Central Academy of Fine Arts

中央美术学院是中华人民共和国教育部直属的唯一一所高等美术院校。现设有中国画学院、油画系、版画系、雕塑系、壁画系、造型学科基础部、实验艺术学院、人文学院、设计学院、建筑学院、城市设计学院、艺术管理与教育学院、（中法）艺术与设计管理学院（上海）、修复学院，共14个专业院系，并设有研究生院、继续教育学院和附属中等美术学校。学校现有在校生6000多人，包括本科生、硕博士研究生、留学生、中专生（附中）、专科生（成人教育）及进修生。

学校致力于建设造型、设计、建筑、人文等学科群相互支撑、相互影响的现代美术教育形态，成为中国高等美术教育领域具有代表性、引领性和示范性的美术院校，在国际艺术教育中具有重要影响力。

中央美术学院具有100多年的办学历史，其源头可追溯至1918年由著名现代教育家蔡元培倡导创立的北京美术学校，著名美术教育家郑锦担任第一任校长。其历经演变，后来更名为国立北平艺术专科学校。抗战爆发后，北平艺专南迁，至1938年，与西迁的杭州艺专合并为国立艺术专科学校，9年内辗转多地办学。1946年，国立北平艺专复校，徐悲鸿担任校长。其另一个重要前身为1938年创立的延安鲁迅艺术学院美术系。1945年抗战胜利后，鲁迅艺术学院奉命迁离延安，组成东北文艺工作团和华北文艺工作团，其中华北文艺工作团于1946年在张家口并入华北联合大学文艺学院。1948年，华北联大与北方大学在河北正定合并为华北大学，文艺学院为三部，设立美术系。

1949年11月，经中央人民政府批准，国立北平艺专与华大三部美术系合并成立“国立美术学院”，毛泽东同志亲笔题写了校名。1950年1月，中央人民政府政务院正式将“国立美术学院”更名为“中央美术学院”，徐悲鸿担任第一任院长。

在100多年的办学历程中，中央美术学院秉承“关注现实、服务人民”的传统，汇聚了一大批美术名家与美术教育名师，创作了众多美术经典力作，为国家培养了一代代杰出艺术英才。

2018年8月30日，在中央美术学院建校100周年之际，中共中央总书记、国家主席、中央军委主席习近平给8位老教授回信，充分肯定中央美术学院艺术家和艺术教育

2023
一月大

20

壬寅年十二月大 **廿九日**	今日大寒	四九第三天 **星期五**

家辛勤耕耘，致力教书育人、专心艺术创作，为党和人民做出了重要贡献，强调做好美育工作，要坚持立德树人，扎根时代生活，遵循美育特点，弘扬中华美育精神，让祖国青年一代身心都健康成长，希望中央美术学院坚持正确办学方向，落实党的教育方针，发扬爱国为民、崇德尚艺的优良传统，以大爱之心育莘莘学子，以大美之艺绘传世之作，努力把学院办成培养社会主义建设者和接班人的摇篮。在100多年的办学进程中，中央美术学院汇聚了一大批名家大师，形成了蔚为壮观的美术教育人才队伍。

自蔡元培等中国现代美术教育先驱们创办国立北京美术学校之初，这里便吸引了陈师曾、齐白石、黄宾虹、林风眠、常书鸿、庞薰琹、闻一多、朱光潜等众多中国近现代艺术大家和文化学者担任教职。延安鲁迅艺术学院美术系汇集了江丰、胡一川、力群、古元、王式廓、王朝闻、罗工柳、彦涵、张仃等一大批怀抱革命理想和追求光明的美术家。这些名家大师成为新中国美术教育事业的坚实力量。新中国成立后，中央美术学院汇聚了众多思想活跃、具备深厚人文素养的中国美术界最杰出的艺术创作和教学研究大家，像徐悲鸿、蒋兆和、吴作人、董希文、李可染、叶浅予、李苦禅、李桦、滑田友、刘开渠、王逊、侯一民、靳尚谊、詹建俊、朱乃正等。大师云集，名家荟萃，中央美术学院形成了一支代表中国最高美术学府的美术教育人才队伍，创造了中国美术史上不朽的经典之作，培养了一批批优秀艺术人才，成就了中国美术事业和美术教育事业发展的高峰。

中央美术学院具有深厚学术传统和文化底蕴，代表中国美术教育的最高水平。在由过去传统的纯美术学科发展为由造型艺术、设计艺术、建筑艺术和艺术人文共同构筑的“大美术”格局后，按照国家最新的“双一流”建设要求，中央美术学院在持续推进美术学、设计学两个“双一流”传统优势学科转型升级，进一步面向国家战略和满足首都经济社会文化发展需求，积极推进特色与交叉学科布局，培育视觉艺术管理、文化乡建、科技艺术和美育学等新兴学科增长点，全面建设具有中国特色的世界一流美术院校。

中央美术学院现任党委书记高洪，院长范迪安。

2023

一月大

21

壬寅年十二月大 除夕	十四立春	四九第四天 星期六

《到前线去》　胡一川　版画　25cm×33cm　1932年

2023
一月大

22

癸卯年正月小 **春节**	十四立春	四九第五天 **星期日**

《群奔》　徐悲鸿　中国画　95cm×181cm　1942年

2023

一月大

23

癸卯年正月小 **初二日**	十四立春	四九第六天 **星期一**

MONDAY, JAN. 23

《轰炸》 滑田友 雕塑 116cm×90cm×37cm 1946年

2023
一月大

24

癸卯年正月小 **初三日**	十四立春	四九第七天 **星期二**

TUESDAY, JAN. 24

《菊酒延年》　齐白石　中国画　133cm×48cm　1948年

2023

一月大

25

癸卯年正月小 **初四日**	十四立春	四九第八天 **星期三**

WEDNESDAY, JAN. 25

《强夺泸定桥》　李宗津　油画　210cm×300cm　1951年

2023

一月大

26

癸卯年正月小 **初五日**	十四立春	四九第九天 **星期四**

《人民英雄纪念碑浮雕——虎门销烟》　曾竹韶　雕塑　200cm×493cm　1955年

2023

一月大

27

癸卯年正月小 **初六日**	十四立春	五九第一天 **星期五**

《刘胡兰就义》　冯法祀　油画　230cm×426cm　1957年

2023

一月大

28

29

星期六 | **星期日**

五九第二天 **初七日**	十四立春	五九第三天 **初八日**

《狼牙山五壮士》 詹建俊 油画 186cm×203cm 1959年

2023
一月大

30

癸卯年正月小 **初九日**	十四立春	五九第四天 **星期一**

《夯歌》　王文彬　油画　156cm×320cm　1962年

2023

一月大

31

癸卯年正月小 初十日	十四立春	五九第五天 星期二

癸卯

《玉带桥》　古元　版画　28cm×31.8cm　1962年

2023

二月平

1

癸卯年正月小 十一日	十四立春	五九第六天 星期三

《万山红遍 层林尽染》　李可染　中国画　69.5cm×45.5cm　1963年

2023

二月平

2

癸卯年正月小 **十二日**	十四立春	五九第七天 **星期四**

《清晨》　周思聪　中国画　80cm×119cm　1963年

2023

二月平

3

癸卯年正月小 十三日	明日立春	五九第八天 星期五

《天安门前》 孙滋溪 油画 153cm×294cm 1964年

4

5

星期六

星期日

五九第九天 **十四日**	十四立春	元宵节 **十五日**

《红烛颂》　闻立鹏　油画　70cm×101cm　1979年

2023
二月平

6

癸卯年正月小 十六日	廿九雨水	六九第二天 星期一

《泼水节——生命的赞歌》（局部） 袁运生 壁画 340cm×2700cm 1979年

2023
二月平

癸卯年正月小 十七日	廿九雨水	六九第三天 星期二

《国魂——屈原颂》　朱乃正　油画　189cm×189cm　1984年

2023
二月平

8

癸卯年正月小 **十八日**	廿九雨水	六九第四天 **星期三**

《塔吉克新娘》　靳尚谊　油画　60cm×50cm　1984年

2023

二月平

癸卯年正月小 **十九日**	廿九雨水	六九第五天 **星期四**

THURSDAY, FEB. 9

《田园牧歌》　刘小东　油画　170cm×120cm　1989年

2023

二月平

10

癸卯年正月小 二十日	廿九雨水	六九第六天 星期五

FRIDAY, FEB. 10

中国美術學院
China Academy of Art

中国美术学院的前身是国立艺术院。1928年，时任大学院院长蔡元培先生择址杭州西子湖畔，创立了第一所综合性的国立高等艺术学府——国立艺术院。作为国内学科最完备、规模最齐整的国立高等美术院校，中国美术学院在近百年的发展历史中，数迁其址，几易其名，从国立艺术院、国立杭州艺术专科学校、国立艺术专科学校、中央美术学院华东分院、浙江美术学院到如今的中国美术学院，始终交叠着两条明晰的学术脉络：一条是以首任校长林风眠为代表的“中西融合”的思想，一条是以潘天寿为代表的“传统出新”的思想。两条脉络以学术为公器，互相砥砺，并行不悖，营造了艺术锐意出新、人文健康发展的宽松环境，成为这所学校最为重要的传统和特征。

中国美术学院始终站在时代艺术的前沿，以饱含振兴民族艺术的历史使命感和责任感，秉承“行健、居敬、会通、履远”的校训，围绕“建设以东方学为特征的世界一流美术学学科，创立以艺术创造为内核、社会美育为担当的新人文教育体系”两大核心任务，更新校园、传承理念、拓展学科、重组院系，形成“五学科十+学院”的格局。学校倡导“多元互动，和而不同”的学术思想，建立以“劳作上手，读书养心”和“人民之心，美美与共”的实践教学体系，弘扬哲匠精神，构筑大学望境，培养了一批批品学通、艺理通、古今通、中外通的德艺双馨优秀人才。

作为首届全国文明校园单位，校园占地1230余亩，地跨杭、沪两市，拥有南山、象山、张江、良渚四大校区。2003年建成的南山校区成就了水墨美院的现代演绎，2007年投入使用的象山校区孕生了艺术家园的望境塑造，2021年启用的良渚校区成为设计教育的高能现场。现有在校学生万余人，教职工千余人。

勇攀艺术高峰，勇担时代使命。中国美术学院自1928年创办至今，办学成就卓著、蜚声宇内，聚集和造就了大批优秀艺术人才，林风眠、潘天寿、黄宾虹、刘开渠、颜文樑、吴大羽、倪贻德、李苦禅、李可染、艾青、陈之佛、庞薰琹、雷圭元、萧传玖、关良、黄君璧、常书鸿、董希文、王式廓、王朝闻、李霖灿、吴冠中、赵无极、朱德群、力群、彦涵、罗工柳、莫朴、邓白等，都曾在这里撒播艺术的种子、留下耕耘的足迹。

其他名师还有许江、王澍、吴海燕、高世名、杭间、杨劲松、范景中、王雪青、曹

11　　12

星期六　　星期日

六九第七天 廿一日	廿九雨水	六九第八天 廿二日

意强、吴山明、范景中、宋建明、王赞、施慧等。

中国美术学院将始终以“加快建设成为体现中国文化艺术研究和教学最高水平的世界一流美术学院”的嘱托为指引，高扬“中国艺术的先锋之旅，美术教育的核心现场，学院精神的时代宣言”，持续推进世界一流美术学院发展，在世界艺术的大格局中弘扬中国精神，铸就新时代文艺和学术高峰，为培养德智体美劳全面发展的社会主义建设者和接班人而不懈奋斗，为争创高质量发展建设共同富裕示范区和社会主义现代化先行省、全面建设社会主义现代化国家、实现中华民族伟大复兴中国梦做出更大贡献！

中国美术学院坚持“全球视野、本土关怀”双轮驱动，不断夯实“视觉艺术东方学”学科群建设，培养时代新人、铸造文艺高峰、打造艺术高地、贡献文化力量，为谋划中国高等艺术教育的自主发展之路提供“国美模式”。

中国美术学院是浙江省人民政府与教育部、文化和旅游部共建高校，学校和美术学学科连续两轮入选国家“双一流”建设名单。在全国第四轮学科评估中，美术学、设计学获得“A+”评级，排名全国并列第一，艺术学理论获“A-”评级，排名全国并列第三，戏剧与影视学获“B+”评级，排名全国并列第六。学校28个招生专业中，有26个专业获批国家级一流本科专业建设点，两个专业获批省级一流本科专业建设点。目前设有美术学、设计学、艺术学理论三个博士后科研流动站。

中国美术学院师资队伍的综合实力和学术、研创水平始终居全国美术院校前列。近年来，学校紧抓国家“双一流”建设和浙江省重点建设高校等契机，依托“国美模式”和“标志性成果规划”，大力实施人才强校战略，高度重视师资队伍建设和人才开发力度，以“哲匠精神”为引领，凝聚国美学术共同体的精神力量，树立学术与价值标杆，锻造艺术教育人类灵魂“双重工程师”，形成从人才储备、青年培育、骨干提升到哲匠引领的国美“学者型艺术家群体”的成长路径。

中国美术学院现任党委书记金一斌，院长高世名。

2023

二月平

13

癸卯年正月小 **廿三日**	廿九雨水	六九第九天 **星期一**

《我们的队伍来了》　张漾兮　版画　34.5cm×45.5cm　1949年

2023

二月平

14

癸卯年正月小 **廿四日**	廿九雨水	七九第一天 **星期二**

《入党宣誓》　莫朴　油画　118cm×170cm　1950年

2023

二月平

15

癸卯年正月小 **廿五日**	廿九雨水	七九第二天 **星期三**

《黄山松谷五龙潭》　黄宾虹　中国画　168cm×119.5cm　1953年

2023

二月平

16

癸卯年正月小 **廿六日**	廿九雨水	七九第三天 **星期四**

《两个羊羔》 周昌谷 中国画 79.3cm×39.7cm 1954年

2023
二月平

17

癸卯年正月小 **廿七日**	廿九雨水	七九第四天 **星期五**

《粒粒皆辛苦》 方增先 中国画 105.6cm×65.2cm 1955年

18 星期六		19 星期日
七九第五天 廿八日	廿九雨水	七九第六天 廿九日

《延安火炬》　蔡亮　油画　64cm×282cm　1959年

2023
二月平

20

癸卯年二月大 **初一日**	十五惊蛰	七九第七天 **星期一**

《渔获丰收》　林风眠　油画　79cm×78cm　1960年

2023

二月平

21

癸卯年二月大 初二日	十五惊蛰	龙抬头 星期二

《四季春》 赵宗藻 版画 42.2cm×40.7cm 1960年

2023
二月平

22

癸卯年二月大 **初三日**	十五惊蛰	七九第九天 **星期三**

中國美術學院
China Academy of Art

《横眉冷对千夫指》　赵延年　版画　29.5cm×42cm　1961年

2023
二月平

23

癸卯年二月大 **初四日**	十五惊蛰	八九第一天 **星期四**

中國美術學院
China Academy of Art

《记写雁荡山花图》　潘天寿　中国画　150.8cm×359.6cm　1962年

2023

二月平

24

癸卯年二月大 **初五日**	十五惊蛰	八九第二天 **星期五**

《小龙湫下一角》　潘天寿　中国画　108cm×107cm　1963年

2023
二月平

25

星期六

26

星期日

八九第三天 初六日	十五惊蛰	八九第四天 初七日

《在风浪里成长》　李震坚　中国画　177cm×128cm　1972年

2023
二月平

27

癸卯年二月大 **初八日**	十五惊蛰	八九第五天 **星期一**

《艳阳天》　方增先　中国画　29cm×28cm　1973年

2023

二月平

28

癸卯年二月大 **初九日**	十五惊蛰	八九第六天 **星期二**

癸卯

中國美術學院
China Academy of Art

《支柱》　张怀江　版画　56cm×37cm　1981年

2023
三月大

1

癸卯年二月大 **初十日**	十五惊蛰	八九第七天 **星期三**

《祖国的脉搏》　颜文樑　油画　65cm×89cm　1984年

2

癸卯年二月大 **十一日**	十五惊蛰	八九第八天 **星期四**

《义勇军进行曲》 全山石、翁诞宪 油画 400cm×480cm 2009年

2023

三月大

3

癸卯年二月大 十二日	十五惊蛰	八九第九天 星期五

中國美術學院
China Academy of Art

《西湖秋胜图》 吴山明、卓鹤君、闵学林、王冬龄等 中国画 330cm×900cm 2016年

2023
三月大

4

星期六

5

星期日

九九第一天 十三日	十五惊蛰	九九第二天 十四日

中國美術學院
China Academy of Art

《攻坚》 杨奇瑞等 雕塑 800cm×1500cm×500cm 2021年

2023
三月大

癸卯年二月大		九九第三天
十五日	今日惊蛰	**星期一**

南京藝術學院
NANJING UNIVERSITY OF THE ARTS

南京艺术学院是一所办学历史悠久、底蕴深厚的百年名校，是国家文化和旅游部与江苏省人民政府共建高校、江苏省高水平大学高峰计划建设高校，是全国唯一拥有艺术学学科门类下全部五个一级学科博士学位授予权和博士后科研流动站的艺术类高校。

南京艺术学院坚持立德树人根本任务，在新时代高等艺术教育和艺术创作实践中，学校进一步彰显“中国特色”、追求“国际一流”、突出“综合优势”，主动融入文化强国、文化强省建设。在教育部第四轮学科评估中，学校五个一级学科全部跻身全国高校前六；教育部“双万计划”建设中，获批国家级一流专业建设点24个，位列全国艺术院校第二。

学校拥有一支结构合理、业务精湛的教师队伍。近些年来，获批中宣部“四个一批”人才1人；教育部长江学者2人；教育部新世纪优秀人才1人；中组部“万人计划”青年拔尖人才1人；入选国家百千万人才工程1人；全国德艺双馨文艺工作者1人、江苏省德艺双馨文艺工作者7人；享受政府特殊津贴专家21人；第八届国务院学位委员会学科评议组成员3人，其中召集人1人；教育部教学指导委员会委员8人，副主任委员2人；首届全国高校美育教学指导委员会委员1人；全国优秀教师1人；荣获江苏紫金文化奖章2人；江苏省有突出贡献的中青年专家9人；江苏省“五个一批”人才5人；入选省“333工程”“青蓝工程”“六大人才高峰”“社科英才、优青”“紫金文化创意英才、优青”等百余人。

学校在国内外重大艺术创作展演中硕果累累。斩获“五个一工程奖”、中国美术奖、中国音乐金钟奖、“文华奖”（包含全国声乐比赛、全国舞蹈比赛等）、中国舞蹈“荷花奖”、中国电视金鹰奖等一系列顶级赛事奖项。圆满完成南京大屠杀死难者国家公祭鼎、亚投行新标徽和启动装置设计任务；圆满完成国庆70周年江苏彩车“江苏智造”、世界语言大会视觉系统、江苏发展大会会标等设计任务。举办七届“520毕业展演嘉年华”，营造了“一校展演、全城盛宴”的浓厚艺术氛围。

在迈向新百年的新征程中，南京艺术学院坚持以习近平新时代中国特色社会主义思想为指导，全面贯彻党的十九大和十九届历次全会精神，坚定贯彻新发展理念、构建新

2023
二月大

7

癸卯年二月大 **十六日**	三十春分	九九第四天 **星期二**

发展格局，深入推进“12542”发展战略，努力为培养德智体美劳全面发展的社会主义建设者和接班人做出应有的贡献！

自我国新美术运动的拓荒者，现代艺术教育的奠基人刘海粟先生创办上海美专以来，经1952年上海美专、苏州美专和山大艺术系合并发展，至1979年成立以刘海粟领衔的导师组，在全国率先开展艺术类专业的研究生教育，多年来，南京艺术学院已形成了严谨、连贯、开放、通透的办学教学体系，并涌现出一代代优秀的美术家：如中国现代工艺美术理论与实践先驱、20世纪最杰出的工笔花鸟画大师之一陈之佛，开创大写意花鸟豪放雄强一代新风的陈大羽，实践油画民族化、创造了富有中国诗意韵味的油画大家苏天赐，苏派油画的代表人物之一、“普希金文化勋章”获得者张华清，融合中西绘画精神、以油画及多画种形式实践主题性美术创作的冯健亲等。中国画方面，方骏等开创出中国当代“新文人画”的崭新面貌，后有注重真切朴实“意趣”的于友善、以“水墨雕塑”著称的周京新等国画家。油画方面，沈行工将具有江南风度的意象表达融入油彩当中，陈世宁以富有诗意的笔触运用到多类题材的表现；此外，代表着中国观念性肖像写实绘画新高度的毛焰，渗入中国写意精神又独具强烈个人表达方式的张新权，以繁复古典写实手法建构出极精简形式的黄鸣等，体现了南京艺术学院在艺术面貌和教育教学上一贯的包容性。其他画种方面，南京艺术学院多年来在全国美展上多次斩获金银奖，如杨春华（版画）、李永清（漆画）、苏凌（漆画）、李小光（插画）等，体现出各专业在教学实践方面所具备的国家级水准。

南京艺术学院现任党委书记俞锋，院长张凌浩。

2023
三月大

癸卯年二月大 **十七日**	三十春分	妇女节 **星期三**

WEDNESDAY, MAR. 8

《秋菊白鸡》　陈之佛　中国画　77.7cm×34cm　1947年

9

癸卯年二月大 **十八日**	三十春分	九九第六天 **星期四**

《半身女人像》　张华清　油画　87.5cm×64cm　1960年

2023
三月大

10

癸卯年二月大 **十九日**	三十春分	九九第七天 **星期五**

FRIDAY, MAR. 10

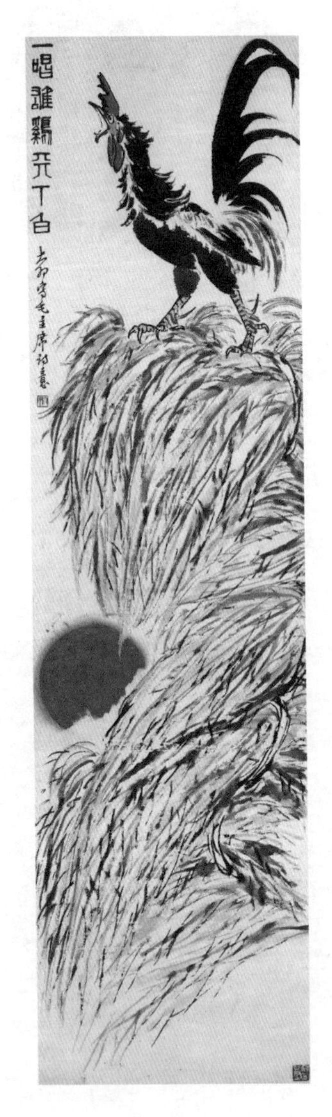

《一唱雄鸡天下白》 陈大羽 中国画 218cm×58cm 1962年

2023
三月大

11

12

星期六

星期日

九九第八天 二十日	三十春分	植树节 廿一日

《老辅导》　冯健亲　油画　95cm×100cm　1978年

2023
三月大

13

癸卯年二月大 廿二日	三十春分	星期一

《黄山立雪台晚翠图》　刘海粟　中国画　47.8cm×90.8cm　20世纪80年代

2023
三月大

14

癸卯年二月大 廿三日	三十春分	星期二

《诗的沉醉》　苏天赐　油画　109cm×109cm　1983年

2023

三月大

15

癸卯年二月大 **廿四日**	三十春分	**星期三**

《渡口细雨》　沈行工　油画　162cm×154cm　1987年

2023

三月大

16

癸卯年二月大 **廿五日**	三十春分	**星期四**

《春华》　杨春华　版画　50cm×41.3cm　1989年

2023
二月大

17

癸卯年二月大 **廿六日**	三十春分	**星期五**

FRIDAY, MAR. 17

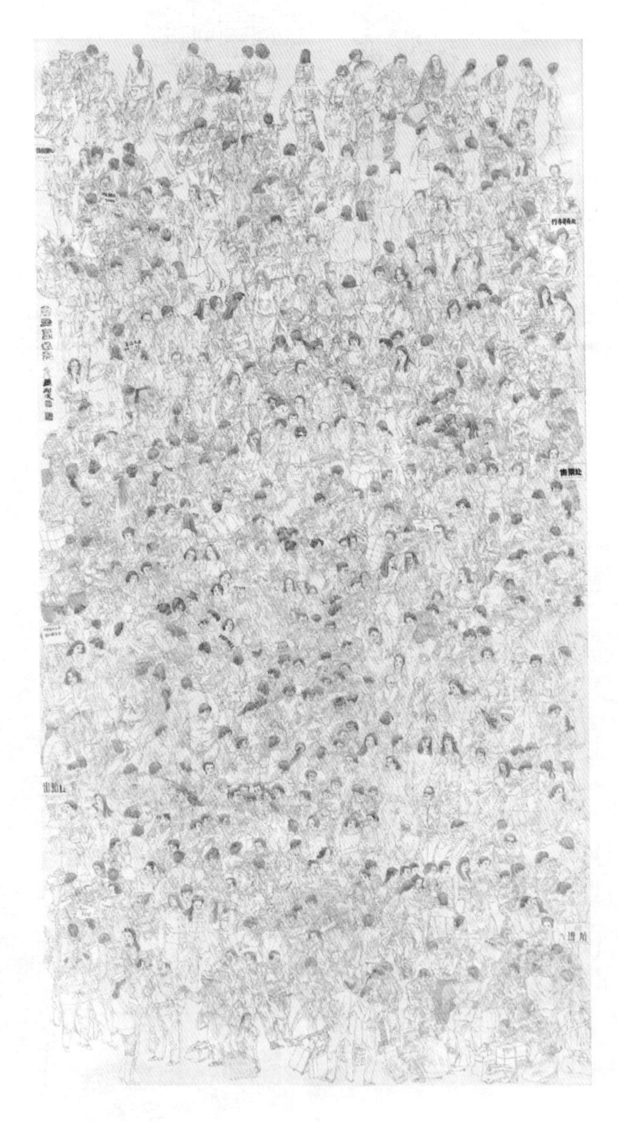

《九九春运图》　于友善　中国画　270cm×140cm　1998年

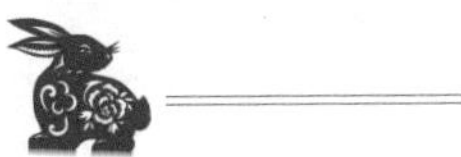

18 19

星期六 星期日

癸卯年二月大 廿七日	三十春分	癸卯年二月大 廿八日

《郑和下西洋》　冯健亲、黄培中、邬烈炎、张承志　壁画　1200cm×900cm　2004年

2023
三月大

20

癸卯年二月大 廿九日	明日春分	星期一

《春华秋实》 苏凌、朱道平 漆画 180cm×200cm 2004年

2023
二月大

21

癸卯年二月大 **三十日**	今日春分	**星期二**

TUESDAY, MAR. 21

《羽琳琅》 周京新 中国画 160cm×160cm 2004年

2023
三月大

22

癸卯年闰二月小 初一日	十五清明	星期三

WEDNESDAY, MAR. 22

《Thomas肖像·No.3》　毛焰　油画　110cm×75cm　2006年—2007年

2023
三月大

23

癸卯年闰二月小 初二日	十五清明	星期四

THURSDAY, MAR. 23

《诗歌插图》　李小光　版画　25cm×50cm×4　2009年

2023
三月大

24

癸卯年闰二月小 初三日	十五清明	星期五

《永恒的记忆》　李永清　漆画　180cm×180cm　2009年

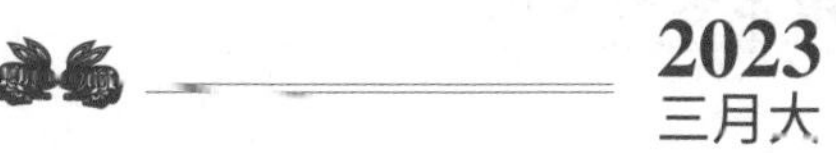

2023
三月大

25		26
星期六		星期日
癸卯年闰二月小 初四日	十五清明	癸卯年闰二月小 初五日

《雪龙号》 张新权 油画 180cm×200cm 2010年

2023

三月大

27

癸卯年闰二月小 初六日	十五清明	星期一

《云山四季屏》　方骏　中国画　152cm×45cm×4　2011年

2023

三月大

28

癸卯年闰二月小 **初七日**	十五清明	**星期二**

《大沉香》　黄鸣　油画　145cm×180cm　2014年

2023
三月大

29

癸卯年闰二月小 初八日	十五清明	星期三

清華大學美術學院
Academy of Arts & Design, Tsinghua University

清华大学美术学院，前身为1956年成立的中央工艺美术学院。作为新中国的第一所艺术设计高等院校，学院秉持为人民衣食住行服务的宗旨，开创并书写了中国现代艺术设计教育史的重要篇章，成为多元艺术创新的先锋力量，是中国百年艺术与设计事业发展的重要组成部分。

1999年11月，中央工艺美术学院加盟清华大学，更名为清华大学美术学院，开启了在综合性大学中发展的新格局。

2021年4月19日，习近平总书记考察清华大学并发表重要讲话。总书记首站来到美术学院，参观了“实种实褎，实颖实栗”校庆特别展。总书记指出，美术、艺术、科学、技术相辅相成、相互促进、相得益彰。

学院以“艺科融合”为重要发展理念和教育特色，助力国家形象塑造，参与国家重大艺术工程，致力于服务国家文化发展和城乡经济建设，服务人民群众的高品质生活需求，取得了显著的成果。

学院积极构建具有世界水准、中国特色的艺术设计人才培养体系，培育具备“全球胜任力 ”，具有“德厚艺精、博学求新”特点的一流创新型人才，并开展跨学科人才培养的创新探索，推动文化传承与创新，推进国际交流与合作。

新时代，学院将充分发挥清华大学综合学科平台优势，进一步加强“艺科融合”的特色，促进更广领域、更深层次的学科交叉与融合；探索设计学的中国特色道路，成为国家形象的塑造者、美好生活的创造者、优秀文化的传承者、艺科融合的引领者、创新人才的培养者，为创建世界一流的美术学院而不懈努力。

学院学科结构完整，教学、科研、工艺实验条件完备，在国内外享有极高的声誉。目前，学院设有10个专业系（染织服装艺术设计系、陶瓷艺术设计系、视觉传达设计系、环境艺术设计系、工业设计系、工艺美术系、信息艺术设计系、绘画系、雕塑系、艺术史论系）和1个基础教研室。设有20余个本科专业方向，具有艺术学理论、美术学、设计学三个一级学科博士学位授予权，并设有博士后科研流动站。

在2017年中国教育部第四轮学科评估中，清华大学美术学院的设计学排名被评为

2023
三月大

30

癸卯年闰二月小 初九日	十五清明	星期四

THURSDAY, MAR. 30

"A+"、美术学和艺术学理论被评为"A-"。在教育部组织的"双一流"学科建设中，清华大学美术学院的设计学科被列为一流学科，学院十个系的重点专业全部入选国家级一流本科专业建设点。在清华大学加快"双一流"建设的新征程中，清华大学美术学院坚持不断深化教育教学改革，培养具有全球视野，符合时代要求的复合型、创新型杰出艺术人才。

清华大学美术学院在老一代艺术大家的引领下走过了辉煌的发展历程。学院创建和形成的具有中国特色的艺术设计、美术、史论教育和研究创作体系，以及独树一帜的艺术风格和教育思想，影响着一个时代，推动了新中国物质文明和精神文明的发展，为国家经济和文化建设做出了重要贡献。

卫天霖、张光宇、陈叔亮、郑可、庞薰琹、雷圭元、白雪石、俞致贞、袁迈、梅健鹰、吴劳、祝大年、张仃、吴冠中、阿老、奚小彭、袁运甫是学院老一代艺术教育家中的杰出代表，他们既是学院的创建者和教育思想、学风的奠基人，又是我国现当代多元艺术创新的先锋和设计教育的旗帜，对我国现当代艺术设计和美术事业的发展具有重要的影响力，是中国现当代艺术史不可或缺的重要组成部分。

卫天霖传播西方印象派绘画精华，进行油画民族化的探索。张光宇在当时的上海开创文化时尚，开拓中国民族装饰艺术的新风。陈叔亮以文艺的先锋性传播革命思想，践行为人生和民生而艺术的教育理念。郑可传播"包豪斯"思想和观念，开启现代设计、美术和工艺美术跨界的探索。庞薰琹引领现代艺术的潮流，探寻传统装饰精神的现代语境，创建中国现代艺术设计教育新体系。雷圭元创建了中国图案设计和教育的新体系。白雪石和俞致贞则分别成为促进中国山水画和工笔花鸟画复兴的代表，创建了传统绘画的新样式。袁迈推动了中国现代商业美术设计发展，探索平面绘画的新形式。梅健鹰成为中国现代陶瓷事业的开拓者。吴劳则成为新中国展览设计事业的先驱者。祝大年推动了中国现代陶艺的发展和工笔重彩的崛起。张仃成为革命的先锋，引领民国漫画的前卫及延安的"摩登"和新中国的"大美术"潮流。吴冠中引领油画民族化、中国画现代化的探索和创新。阿老在彩墨舞蹈和戏剧人物画领域独树一帜。奚小彭在中国室内设计、建筑装饰、环境艺术设计领域建立丰碑。袁运甫用公共艺术的理念推动社会大美术的发展。这17位艺术大家是一个多世纪以来，中国具有代表性和影响力的艺术先锋和旗帜，他们不仅为国家和民族留下了不可多得的艺术瑰宝，也为学院的发展留下了丰富的精神财富。

清华大学美术学院现任党委书记马赛，院长马赛。

2023
三月大

31

癸卯年闰二月小 初十日	十五清明	星期五

2023
4

《印刷工人》 陈叔亮 版画 12.8cm×17.6cm 1941年

1 星期六		2 星期日
癸卯年闰二月小 十一日	十五清明	癸卯年闰二月小 十二日

《匣》 庞薰琹 设计 尺寸不详 1941年

2023

四月小

3

癸卯年闰二月小 十三日	十五清明	星期一

《圭元图案集——瓷器图案》 雷圭元 设计 尺寸不详 1941年

2023
四月小

癸卯年闰二月小 十四日	明日清明	星期二

TUESDAY, APR. 4

《白求恩》 吴劳 雕塑 尺寸不详 1950 年

2023
四月小

5

癸卯年闰二月小 十五日	今日清明	星期三

《人民大会堂大礼堂天顶灯饰》 奚小彭 设计 尺寸不详 1959年

2023

四月小

6

癸卯年闰二月小 十六日	初一谷雨	星期四

THURSDAY, APR. 6

《人民大会堂用瓷——青花茶壶》 梅健鹰 设计 尺寸不详 1959年

2023
四月小

癸卯年闰二月小 十七日	初一谷雨	星期五

FRIDAY, APR. 7

《大闹天宫》 张光宇 设计 尺寸不详 1961年

8

9

星期六

星期日

癸卯年闰二月小 十八日	初一谷雨	癸卯年闰二月小 十九日

《紫与白的菊花》 庞薰琹　油画　70cm×82cm　1964年

2023

四月小

10

癸卯年闰二月小 二十日	初一谷雨	星期一

MONDAY, APR. 10

《〈大浪淘沙〉唱片封套》 袁迈 设计 26.1cm×26.1cm 20世纪60年代

2023

四月小

11

癸卯年闰二月小 **廿一日**	初一谷雨	**星期二**

《草原轻骑》 阿老 中国画 47cm×33cm 1973年

2023

四月小

12

癸卯年闰二月小 **廿二日**	初一谷雨	**星期三**

《月季与菠萝》 卫天霖 油画 48cm×59cm 1975年

2023
四月小

13

癸卯年闰二月小 **廿三日**	初一谷雨	**星期四**

《哪吒闹海》(局部)　张仃　壁画　340cm×1500cm　1979年

2023

四月小

14

癸卯年闰二月小 **廿四日**	初一谷雨	**星期五**

《森林之歌》(局部)　祝大年　壁画　尺寸不详　1979年

2023
四月小

15 星期六		16 星期日
癸卯年闰二月小 廿五日	初一谷雨	癸卯年闰二月小 廿六日

《吴劳》 郑可 雕塑 19.5cm×19.5cm 20世纪70年代

2023

四月小

17

癸卯年闰二月小 廿七日	初一谷雨	星期一

《大紫荆蛱蝶》 俞致贞 中国画 45cm×40cm 1985年

2023
四月小

18

癸卯年闰二月小 廿八日	初一谷雨	星期二

《千峰竞秀万木争春》 白雪石 中国画 122cm×246cm 1992年

2023
四月小

19

癸卯年闰二月小 **廿九日**	明日谷雨	**星期三**

《双燕》 吴冠中 油画 70cm×140cm 1994年

2023

四月小

20

癸卯年三月小 初一日	今日谷雨	星期四

THURSDAY, APR. 20

《长江万里图》 袁运甫 壁画 310cm×1800cm 2013年

2023
四月小

21

癸卯年三月小 初二日	十七立夏	星期五

天津美术学院

TIANJIN ACADEMY OF FINE ARTS

天津美术学院前身为北洋女子师范学堂，1906年由近代著名教育家傅增湘先生创办，是我国最早的公立高等学府之一，邓颖超、刘清扬、郭隆真等老一辈无产阶级革命家先后在此求学。1926年即开办美术专业，1959年发展为河北美术学院，成为独立建制的高等美术院校，1980年正式定名为天津美术学院，是一所学科专业齐全、实力雄厚的专业型高等美术院校，是全国独立设置、最具影响的八所专业美术学院之一，在我国高等艺术教育领域具有重要地位。

学校目前拥有美术学、设计学、艺术学理论三个一级学科硕士学位授权点。一个专业硕士学位授权点：艺术硕士（MFA），包含美术、艺术设计两个培养领域。美术学、设计学学科均为天津市级重点学科、天津市双一流建设学科项目。美术学学科入选天津市高校顶尖学科培育计划。天津美术学院是国家级人才培养模式创新实验区，拥有国家级一流专业建设点12个，省级一流专业建设点1个；国家级实验教学示范中心1个；天津市普通高等学校优势特色专业建设项目5个，天津市普通高等学校应用型专业建设项目6个；市级教学团队13个；天津市精品课程 5 门。

学校聚集了一批在海内外享有盛誉，治学严谨的美术教育家、学者和知名艺术家，多名教师在国家级专业机构担任重要职务。我校百岁国画家、艺术教育家、终身教授孙其峰先生荣获中共中央、国务院、中央军委颁授的“庆祝中华人民共和国成立70周年”纪念章，同时荣获中国文联、中国书协、中国美协授予的“中国美术奖·终身成就奖”“中国书法兰亭奖·终身成就奖”“中国造型艺术奖·终身成就奖”，成为国内迄今为止唯一一位三奖集于一身的艺术家；贾广健教授获批中宣部、人社部、中国文联授予的“全国中青年德艺双馨文艺工作者”荣誉称号；获批中宣部文化名家暨“四个一批”人才称号，获批天津市人民政府授予的“天津市有突出贡献专家”荣誉称号。此外，多名教师获批国务院政府特殊津贴专家、天津市劳动模范、天津市优秀教师、天津市教学名师等荣誉称号。

学校积极响应国家“一带一路”倡议，在友好、平等、互信的原则下加强国际交流与合作，先后与世界上19个国家及地区40所高校签署了合作协议，在教学、科研领域构

22 星期六		23 星期日
癸卯年三月小 **初三日**	十七立夏	癸卯年三月小 **初四日**

建了多层次的合作构架。同法国、美国、意大利多所美术学院建立了“3+1”和“2+1”模式的联合培养项目，其中经国家教育部批准,与英国赫特福德大学合作举办的“3+1”双学位项目已经成功运行9年。

学校拥有《北方美术》和《中国书画报》两个定期出版的专业刊物、天津市重点刊物一个（《北方美术》）。《中国书画报》是一份融书、画、篆刻于一体的以“中国”字头冠名的专业主流媒体，对服务教学与科研发挥了重要作用，在国内艺术领域具有广泛的影响。

在110多年的发展历程中，代代天美人传承红色基因，立足于深厚的历史积淀，承继着先贤的学术文脉，秉承“崇德尚艺 力学力行”校训精神，着力培养人文厚重、基础扎实、技艺融通、创意活跃、德才兼备的高素质艺术人才。“大美之艺，厚德之行”，天美师生创作了大量主题鲜明、题材多样、内容丰富的美术作品，为时代画像，为时代立传，为时代明德，用翰墨弘扬中国精神，以丹青凝聚中国力量。

天津美术学院现任党委书记路波，院长贾广健。

2023
四月小

24

癸卯年三月小 初五日	十七立夏	星期一

《白梅斑鸠》 孙其峰 中国画 65cm×44cm 1960年

2023
四月小

25

癸卯年三月小 **初六日**	十七立夏	**星期二**

TUESDAY, APR. 25

《山花烂漫》 孙其峰、霍春阳 中国画 92.6cm×177.8cm 1977年

2023

四月小

26

癸卯年三月小 **初七日**	十七立夏	**星期三**

WEDNESDAY, APR. 26

《没有共产党就没有新中国》 张京生、王元珍 油画 164.5cm×186cm 1979年

2023

四月小

27

癸卯年三月小 初八日	十七立夏	星期四

THURSDAY, APR. 27

《碧水金荷》 贾广健 中国画 76cm×68cm 1998年

2023

四月小

28

癸卯年三月小 **初九日**	十七立夏	**星期五**

《豆蔻年华》 赵栗晖 中国画 165cm×170cm 2002年

2023
四月小

29　　30

星期六　　星期日

癸卯年三月小 初十日	十七立夏	癸卯年三月小 十一日

癸卯

《凝固系列——寻之一》　姜中立　油画　185cm×140cm　2006年

2023
五月大

癸卯年三月小 十二日	十七立夏	劳动节 星期一

天津美术学院
TIANJIN ACADEMY OF FINE ARTS

《万物生Ⅰ》　寇疆晖　版画　80cm×60cm　2009年

2023

五月大

2

癸卯年三月小 十三日	十七立夏	星期二

《燃灯节》　于小冬　油画　200cm×186cm　2014年

2023
五月大

3

癸卯年三月小 十四日	十七立夏	星期三

WEDNESDAY, MAY. 3

《手机围城》　刘悦　油画　200cm×180cm　2014年

2023
五月大

4

癸卯年三月小 **十五日**	十七立夏	青年节 **星期四**

THURSDAY, MAY. 4

《墨魂——徐渭》　郑金岩　油画　210cm×180cm　2014年

2023
五月大

5

癸卯年三月小 十六日	明日立夏	星期五

《景观之一》　郭鉴文　版画　120cm×80cm　2014年

6

7

星期六

星期日

癸卯年三月小 十七日	十七立夏	癸卯年三月小 十八日

《彩虹艺术计划》　谭勋　雕塑　高1180cm　2018年

2023

五月大

8

癸卯年三月小 十九日	初三小满	星期一

MONDAY, MAY. 8

《满园春》　李云涛　中国画　200cm×180cm　2019年

2023

五月大

9

癸卯年三月小 二十日	初三小满	星期二

TUESDAY, MAY. 9

《倪瓒之——在太湖》 陈钢 雕塑 63cm×42cm×52cm 2019年

2023
五月大

10

癸卯年三月小 廿一日	初三小满	星期三

WEDNESDAY, MAY. 10

《吉祥甘南》　徐展　中国画　190cm×200cm　2019年

2023

五月大

11

癸卯年三月小 廿二日	初三小满	星期四

THURSDAY, MAY. 11

天津美术学院
TIANJIN ACADEMY OF FINE ARTS

《夏河散记》　董克诚　水彩画　168cm×118cm　2006年—2019年

2023

五月大

12

癸卯年三月小 廿三日	初三小满	星期五

FRIDAY, MAY. 12

《苗岭飞歌——盛装》　范敏　版画　50cm×65cm　2022年

13 星期六		14 星期日
癸卯年三月小 廿四日	初三小满	母亲节 廿五日

《馨香鸟归》　周午生　中国画　176cm×386cm　2022年

2023

五月大

15

癸卯年三月小 廿六日	初三小满	星期一

MONDAY, MAY. 15

鲁迅美術学院
LUXUN ACADEMY OF FINE ARTS

鲁迅美术学院坐落于东北政治、经济、文化中心的沈阳，是东北地区唯一一所高等美术学府。鲁迅美术学院的创建，可追溯到1938年由毛泽东、周恩来等老一辈党和国家领导人发起创建的延安鲁迅艺术学院美术系。毛泽东同志亲笔题写了校名和“紧张、严肃、刻苦、虚心”的校训。鲁迅美术学院由延安鲁艺创建至今，已走过81年的发展历程，其历史可分为四个阶段，即延安鲁迅艺术学院时期（简称“延安鲁艺”）、东北鲁迅艺术学院时期（简称“东北鲁艺”）、东北美术专科学校（简称“东北美专”）和鲁迅美术学院时期（简称“鲁美”）。

鲁迅美术学院现有专业教师534人，其中教授和副教授人数占师资总数的近60%；具有硕士以上学位教师占80%。师资队伍年龄结构合理，形成了老、中、青结构合理的教师梯队。学院现拥有省级以上各类人才近百人次，包括教育部高等学校教学指导委员会委员3人，其中副主任委员2人，现任教育部本科教学审核评估专家2人；国家“万人计划”哲学社会科学领军人才1人；国家“万人计划”教学名师1人；全国宣传文化系统“四个一批”人才2人；享受国务院特殊津贴专家11人；省部级突出贡献专家1人。

目前，鲁迅美术学院获批12个国家级一流本科专业建设点，4个省级一流本科示范专业，1门首批国家级一流本科课程，1门省级一流线下课程，11个辽宁省普通高等教育本科教学改革研究项目通过验收。其中，工业设计实验教学中心是全国同类院校中唯一的国家级工业设计实验教学示范中心，绘画专业被教育部、财政部批准为全国第五批高等学校特色专业建设点，动画专业被评为教育部特色专业建设点、辽宁重点支持专业。

学院参与和完成服务社会重大美术创作与设计项目、南京大屠杀纪念馆扩建工程等近百项，创作与设计成果丰硕。《攻克锦州》《赤壁之战》等多幅全景画和《旗帜》《追梦》等多组大型雕塑作品，得到了业界与社会大众的广泛认可，共有40余项被中宣部列为全国爱国主义教育基地。

我院先后被教育部评为国家大学生文化素质教育基地、高等学校红色经典艺术教育示范基地，被中国文联评为中国文艺舆情信息研究基地，被辽宁省政府批准为“绘画人才培养、培训基地”“工业产品设计人才培养、培训基地”和 “辽宁省紧缺人才和艺术

2023
五月大

16

癸卯年三月小 廿七日	初三小满	星期二

TUESDAY, MAY. 16

类人才培养基地”。

学院共获批省级以上纵向科研项目300余项，其中国家级项目30余项，充分发挥了美术在服务社会发展中的重要作用，创作了《“汇聚”——第十二届全运会火炬塔及舞台设计》、中国国家博物馆《复兴之路》展厅设计、《冰娃雪娃冰雪形象大使》等作品；主持了“世界全景画历史及美学价值研究”“基于可再生能源的公共设施创新设计研究”等国家社科基金艺术学项目，以创新驱动为理念助力社会经济文化发展，切实增强文化软实力，牢固树立文化自信。

鲁迅美术学院现任党委书记苏萍，院长李象群。

2023
五月大

17

癸卯年三月小 廿八日	初三小满	星期三

《八女投江》 王盛烈 中国画 154cm×392cm 1957年

2023
五月大

18

癸卯年三月小 **廿九日**	初三小满	**星期四**

THURSDAY, MAY. 18

《黄巢起义军入长安》 王绪阳 中国画 110cm×400cm 1959年

2023
五月大

19

癸卯年四月大 **初一日**	初三小满	**星期五**

《集市》　赵大鹏　摄影　41cm×61cm　1982年

20 21

星期六 星期日

癸卯年四月大 初二日	初三小满	癸卯年四月大 初三日

《走向世界》　田金铎　雕塑　220cm×133cm×78cm　1985年

2023

五月大

22

癸卯年四月大 初四日	十九芒种	星期一

MONDAY, MAY. 22

《吉祥蒙古》 韦尔申 油画 157cm×138cm 1988年

2023

五月大

23

癸卯年四月大 初五日	十九芒种	星期二

TUESDAY, MAY. 23

《济南战役》　李福来、晏阳、曹庆棠、李武、吴云华、周福先、张鸿伟、杨海、刘希倬、李宪吾、孙兵、吴青林　全景画　1800cm×12600cm　2001年—2002年

2023
五月大

24

癸卯年四月大 初六日	十九芒种	星期三

《赤壁大战》(局部) 宋惠民、李福来、任梦璋、晏阳、王希奇、及云辉、王君瑞、王岩、王铁牛、王辉宇、刘仁杰、刘希倬、齐程翔、许荣初、李岩、吴云华、杨为铭、郑艺、张辉、张澎、赵明、赵鹰、曹庆棠、薛志国 全景画 1700cm×13500cm 2004年

2023

五月大

25

癸卯年四月大 **初七日**	十九芒种	**星期四**

THURSDAY, MAY. 25

《复兴之路》（局部）　田奎玉　设计　650cm×6600cm　2009年—2010年

2023
五月大

26

癸卯年四月大 初八日	十九芒种	星期五

《工程掘进机》 杜海滨、焦宏伟 设计 950cm×290cm×210cm 2012年

27		28
星期六		星期日
癸卯年四月大 初九日	十九芒种	癸卯年四月大 初十日

《“汇聚”——第十二届全运会火炬塔及舞台》 马克辛、曹德利、金常江、赵时珊、尹航设计 6000cm×1200cm×1200cm（火炬塔尺寸） 2013年

2023

五月大

29

癸卯年四月大 十一日	十九芒种	星期一

《中国人民抗日战争暨世界反法西斯战争胜利70周年》　李晨设计　3cm×5cm×13　2015年

2023

五月大

30

癸卯年四月大 十二日	十九芒种	星期二

《郑成功收复台湾》　许勇　中国画　510cm×380cm　2016年

2023
五月大

31

癸卯年四月大 十三日	十九芒种	星期三

WEDNESDAY, MAY. 31

2023
6

《旗帜》　李象群、鲁迅美术学院雕塑艺术学院　雕塑　2080cm×1110cm×1370cm　2017年

2023
六月小

1

癸卯年四月大 **十四日**	十九芒种	儿童节 **星期四**

THURSDAY, JUN. 1

鲁迅美术学院
LUXUN ACADEMY OF FINE ARTS

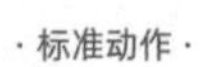

·标准动作·

·运动动作·

·北欧两项

·冰壶

·冰球

·单板滑雪

·冬季两项

·短道速滑

·钢架雪车

·高山滑雪

·花样滑冰

·速度滑冰

·跳台滑雪

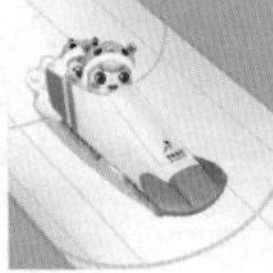

·雪车

·雪橇

·越野滑雪

·自由式滑雪

《中国冰雪运动吉祥物——冰雪娃娃》　鲁迅美术学院艺术学院　设计　80cm×60cm　2019年

2023
六月小

2

癸卯年四月大 十五日	十九芒种	星期五

FRIDAY, JUN. 2

《澳门回归升旗仪式》　及云辉、陈旭、张贯一、李鹏鹏、王腾、李武
油画　300cm×500cm　2020年

3

4

星期六

星期日

癸卯年四月大 十六日	十九芒种	癸卯年四月大 十七日

《致敬——最美逆行者》　张志坚、刘海洋、李卓、张剑、李陶然、高明
油画　300cm×800cm　2020年

2023

六月小

5

癸卯年四月大 十八日	明日芒种	星期一

MONDAY, JUN. 5

《勇攀珠峰》 张志坚、刘海洋、张剑、李陶然 油画 300cm×550cm 2020年

2023

六月小

6

癸卯年四月大 十九日	今日芒种	星期二

TUESDAY, JUN. 6

《追梦》　贺中令、李象群、洪涛、李遂、朱光宇、吴彤、沙泉、商占祥、张伟
雕塑　900cm×1300cm×450cm　2021年

2023
六月小

癸卯年四月大 二十日	初四夏至	星期三

吉林藝術學院
JILIN UNIVERSITY OF ARTS

吉林艺术学院是东北三省唯一一所综合性高等艺术院校。学院前身萌发于1946年的东北大学鲁迅文艺学院，1958年组建吉林艺术专科学校，1978年更名为吉林艺术学院，1993年经国务院学位委员会批准成为硕士学位授予单位，2017年获批吉林省博士学位授权立项建设单位，2020年成为吉林省特色高水平应用型建设高校。

学校拥有表演、造型、综合、城市艺术4个校区，设有音乐学院、美术学院、设计学院等15个教学单位，目前拥有39个本科专业，基本涵盖了普通高等学校专业目录内的所有艺术类专业。学校秉承传统，弘扬优势，遵循艺术高等教育规律，积极实施“教学质量提升工程”和“创新型艺术人才培育工程”，确立了“项目带动教学、科研深化教学、展演促进教学、实践检验教学”的理念，努力培养高素质应用型、创新型艺术人才。国家级特色专业和省级以上科研平台数均位居国内地方艺术院校前列。

吉林艺术学院美术学院开创于1958年，美术学院在长期发展和学科建设中，形成了以东北区域美术研究、北派传统国画创作、东北表现性绘画、写意油画、现当代版画创作研究、当代艺术研究为主体的完整教学体系。近年来，美术学院在吉林省高校同类专业中具有突出的办学优势，取得了一系列的教学建设成果，主要有国家级一流专业2个，国家级一流课程1门，省级一流专业2个，省级一流课程1门等；在学术平台建设方面，相继获批省级美术实验教学示范中心、东北表现主义油画省级优秀科研创新团队、吉林省3D艺术实验工程研究中心、吉林省美术类专业人才培养模式创新实验区、吉林原创版画实验基地国际交流站、绘画综合材料实验中心、孙天牧北宗山水研究中心、胡悌麟艺术研究中心、20世纪中国美术研究所等重要学术平台。

美术学院拥有一批宋元以来的书画真迹、善本、文物，涵盖元代以来代表性名家名作：元赵孟頫、明董其昌等，近代徐悲鸿、齐白石、张大千、吴昌硕等。2015年投入大量专项资金建设了“世界经典绘画、雕塑复刻临摹馆”复刻雕塑作品和历代经典复刻油画。构建了学术收藏、教学经典范式和文献储备为一体的学院收藏体系，将最直观的范式融入到常态化的教学和美术研究当中。

吉林艺术学院绘画专业于1958年开始招收首届本科生，是新中国成立后吉林省最早

2023
六月小

8

癸卯年四月大 廿一日	初四夏至	星期四

的高等美术教育机构。1978年美术学科独立成系， 1993年“美术学”一级学科成为吉林省第五批硕士授权点，1995年获批为吉林省高校首批11个省级重点学科之一，2017年被评为吉林省一流学科，2019年、2022年绘画专业、雕塑专业获批国家一流本科专业建设点，2020年、2021年中国画专业、美术学专业获批省级一流本科专业建设点。

美术学院办学依托在一级学科美术学下，现拥有艺术学一级学科硕士点1个、艺术硕士（MFA）专业学位点1个和53个研究方向。目前学院美术学科下设绘画、美术学、雕塑、中国画、书法5个专业。

美术学学科经过半个多世纪的教学探索与研究，逐渐形成了师资力量雄厚、教学设施先进的省级一流学科，在国内同类院校中保持着鲜明的特色和优势。学院历史文化底蕴深厚，在半个多世纪以来，有一批美术家及美术教育家在我院任教，其中有胡悌麟、王庆淮、傅植桂、徐德润、李伯涵、英若识、高盛连、孙天牧、李子喻、潘素、王炳召、卜孝怀、史怡公、靳之林、李守仁、葛路、张放、吴鑫城、甘雨辰、李行健、吴海寿、才彦平、李巍、赵开坤、贾涤非等。

美术学院现有名师实力较强，其中，刘兆武教授为长白山领军人才，博导，中国美术家协会美术教育艺委会委员、全国艺教指委美术领域委员、中国油画学会理事；王晓明教授为二级教授，中国美术家协会国家重大题材美术创作艺委会委员、吉林省美术家协会主席，第六届全国美展金奖获得者；王建国教授为二级教授，中国美术家协会油画艺委会委员、北京中国写意油画研究院副院长、国家画院特聘研究员；任传文教授为二级教授，中国油画学会理事、北京中国写意油画研究院学术委员会副主任、国家画院特聘研究员；刘大明教授为二级教授，中国油画学会理事、国家画院特聘研究员，获全国美展铜奖2次；史国娟教授为二级教授，中国美术家协会动漫艺委会委员，第十三届全国美展铜奖获得者。

吉林艺术学院现任党委书记张东航，院长苏威。

2023

六月小

癸卯年四月大 廿二日	初四夏至	星期五

《未来世界》　王晓明　油画　122cm×141cm　1984年

2023
六月小

10		11
星期六		星期日
癸卯年四月大 廿三日	初四夏至	癸卯年四月大 廿四日

《杨靖宇将军》　胡悌麟、贾涤非　油画　180cm×164cm　1984年

12

癸卯年四月大 廿五日	初四夏至	星期一

《星际系列》　赵坤　油画　200cm×100cm　2006年

2023

六月小

13

癸卯年四月大 廿六日	初四夏至	星期二

TUESDAY, JUN. 13

《那方水土》　孙昌武　油画　170cm×120cm　2014年

2023

六月小

14

癸卯年四月大 廿七日	初四夏至	星期三

《长白日记之通往天池的路》　刘兆武　油画　140cm×120cm　2015年

2023

六月小

15

癸卯年四月大 廿八日	初四夏至	星期四

《高原阳关》 刘君 雕塑 高65cm 2015年

2023

六月小

16

癸卯年四月大 廿九日	初四夏至	星期五

《喜柿图》　贾涤非　油画　200cm×500cm　2016年

2023
六月小

17

星期六

18

星期日

癸卯年四月大 三十日	初四夏至	父亲节 初一日

《老宅记忆》 韩文华 雕塑 尺寸可变 2017年

2023
六月小

19

癸卯年五月大 初二日	初四夏至	星期一

《远方的海》 郜浩然 油画 120cm×80cm 2017年

2023

六月小

20

癸卯年五月大 **初三日**	明日夏至	**星期二**

TUESDAY, JUN. 20

吉林藝術學院
JILIN UNIVERSITY OF ARTS

《诗意的大地》　王建国　油画　200cm×300cm　2018年

2023

六月小

21

癸卯年五月大 初四日	今日夏至	星期三

WEDNESDAY, JUN. 21

《生生不息》　史国娟　中国画　150cm×180cm　2018年

2023

六月小

22

癸卯年五月大 初五日	二十小暑	端午节 星期四

《跑马场的马戏》　俞健翔　油画　150cm×150cm　2018年

2023

六月小

23

癸卯年五月大 初六日	二十小暑	星期五

《传人》　缪肖俊　中国画　180cm×96cm　2018年

2023

六月小

24　25

星期六		星期日
癸卯年五月大 初七日	二十小暑	癸卯年五月大 初八日

《浮生·水》 任传文 油画 138cm×122cm 2019年

2023

六月小

26

癸卯年五月大 初九日	二十小暑	星期一

MONDAY, JUN. 26

《长白老林》　赵开坤　油画　190cm×270cm　2019年

2023
六月小

27

癸卯年五月大 初十日	二十小暑	星期二

《肖像系列》　何军　素描　156cm×76cm　2021年

2023

六月小

28

癸卯年五月大 十一日	二十小暑	星期三

《冬之恋曲》　陆南　油画　145cm×175cm　2021年

2023
六月小

29

癸卯年五月大 十二日	二十小暑	星期四

THURSDAY, JUN. 29

《白玫瑰》　刘大明　油画　80cm×100cm　2022年

2023
六月小

30

癸卯年五月大 十三日	二十小暑	星期五

FRIDAY, JUN. 30

2023
7

景德镇陶瓷大学
JINGDEZHEN CERAMIC UNIVERSITY

景德镇陶瓷大学是全国唯一一所以陶瓷命名的多科性大学，是全国首批31所独立设置的本科艺术院校之一、94所具有资格招收中国政府奖学金来华留学生的高校之一，是教育部卓越工程师教育培养计划高校、教育部深化创新创业教育改革示范高校、文化和旅游部中国非物质文化遗产传承人群研修研习培训计划首批参与院校、全国创新创业典型经验高校和首批转型发展试点院校，现已发展成为全国乃至世界陶瓷人才培养、陶瓷科技创新和陶瓷文化艺术交流的重要基地。

学校肇始于1910年由中国近代实业家、教育家张謇等人创办的中国陶业学堂（校址江西鄱阳）。1912年更名为江西省立饶州陶业学校。1915年更名为江西省立第二甲种工业学校，1916年在景德镇设立分校。1925年更名为江西省立窑业学校。1927年更名为江西省立陶业学校。1934年迁往江西九江，更名为江西省立九江陶瓷科职业学校，随后迁往江西靖安（1937年）、江西萍乡（1938年）、江西景德镇（1944年）等地办学。1948年升格为江西省立陶业专科学校，成为国内首所陶瓷高等学校。1952年全国高校院系调整，江西省立陶业专科学校被撤销，在原校址、设备和部分专业教师的基础上，成立景德镇市陶瓷试验研究所（现名中国轻工业陶瓷研究所）。1958年经江西省人民委员会批准，在景德镇陶瓷美术技艺学校、景德镇陶瓷工人技术学校、江西工业技术学校矽酸盐专业的基础上，成立本科建制的景德镇陶瓷学院，在中国陶瓷高等教育史上翻开了崭新的一页。1975年经国务院批准，成为原轻工业部直属高校。1998年转为中央与地方共建，以江西省管理为主。1999年中国轻工业陶瓷研究所并入学校。1984年获批成为硕士学位授予单位，2013年获批成为博士学位授予单位。2016年更名为景德镇陶瓷大学。

在办学实践中，学校九易校名、四迁校址、四度中断，历经艰辛，颠沛流离，然初心不移，血脉贯通，文脉相承，弦歌不辍，始终根植于陶瓷行业这片沃土，经过一代又一代陶大人的努力奋斗，形成了自己的优良传统和独特的精神文化品格，即："养成明白学理、精进技术人才，以改良陶业"的办学宗旨，"培养为陶瓷业服务的尖兵"的人才培养目标，"脑手并用、科艺结合、专攻深究"的人才培养理念，"诚朴恕毅"的校训，"勉知力行"的校风和"发扬国粹、利民裕国"的精神。

2023
七月大

1 星期六		2 星期日
建党节 十四日	二十小暑	癸卯年五月大 十五日

景德镇陶瓷大学注重艺工并重、艺工商交融，突出“设计艺术和陶瓷工程”优势，构建形成了“艺术设计与陶瓷文化、陶瓷材料工程与智能制造、陶瓷经济与管理”三大优势特色学科群。学校设有“设计学”“材料科学与工程”“科学技术史”等三个一级学科博士点，“美术学”“管理科学与工程”等13个一级学科硕士点及“艺术”“文物与博物馆”等8个专业学位硕士点。“陶瓷设计与美术”学科为省“十四五”高峰优势学科。在全国第四轮学科评估结果中，“设计学”“美术学”学科均为“B+”（全国第10位、江西第1位）。

景德镇陶瓷大学在百余年的发展历史中形成了鲜明的办学特色，其中学校的美术和设计学科更是独树一帜，会集一批享誉海内外的陶瓷艺术家、雕塑家和理论学者，为陶瓷行业和美术领域培养了大批优秀人才，为中国陶瓷美术事业做出了巨大贡献。

老一代名师如胡献雅、万昊、施于人、周国桢、尹一鹏等坚持为党育人、为国育才，培养了如吕品田、朱乐耕、方李莉、吕品昌、杨剑平、秦璞、刘建华、邓箭今、许正龙等一大批中国美术创作和理论研究的领军人物。陶瓷大学的艺术人才培养在中国艺术界被誉为“陶院现象”。中青代名师包括吕品昌、宁钢、吕金泉、黄胜、曹春生、黄焕义、詹伟、赵兰涛、金文伟、罗小聪、李磊颖、张亚林、邹晓松等，深耕优秀的传统陶瓷文化，立足传承与创新，开展艺术创作和理论研究，为中国陶瓷行业和陶瓷艺术的发展构建具有中国特色的教育体系，培养的艺术类毕业生人才辈出、成果显著，一大批已成为我国美术院校、科研院所的学科带头人，为中国当代文化艺术繁荣发展写下了浓墨重彩的一笔。

景德镇陶瓷大学现任党委书记李良智，党委副书记、副校长吕品昌。

2023

七月大

3

癸卯年五月大 十六日	二十小暑	星期一

《抗震救灾第一线》 王世刚 雕塑 80cm×200cm×70cm 2009年

2023

七月大

4

癸卯年五月大 **十七日**	二十小暑	**星期二**

TUESDAY, JUL. 4

《快乐童年系列》(左)　吕金泉　陶瓷　55cm×28cm×15cm　2012年
《遥远的记忆》(右)　吕金泉　陶瓷　45cm×23cm×15cm　2012年

2023

七月大

5

癸卯年五月大 十八日	二十小暑	星期三

《中国写意NO.44鉴宝者》 吕品昌 雕塑 800cm×600cm×200cm 2012年

2023
七月大

6

癸卯年五月大 **十九日**	明日小暑	**星期四**

《时光曾经过这里》 王协军 油画 57cm×170cm 2013年

2023
七月大

癸卯年五月大 二十日	今日小暑	星期五

《景德镇——一种方式》 金文伟 设计 233cm×178cm×60cm 2013年

8

星期六

9

星期日

癸卯年五月大 廿一日	初六大暑	癸卯年五月大 廿二日

《圣·敦煌》 罗小聪　瓷板画　130cm×130cm　2014年

2023

七月大

10

癸卯年五月大 廿三日	初六大暑	星期一

MONDAY, JUL. 10

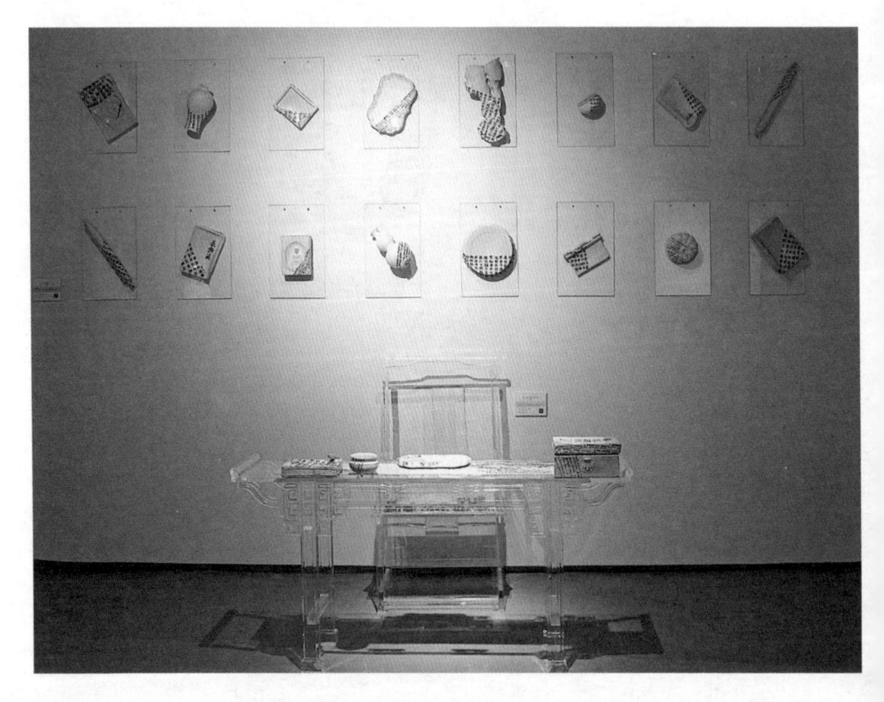

《坍塌—晚明之一》 赵兰涛 设计 500cm×200cm×200cm 2017年

2023

七月大

11

癸卯年五月大		初伏第一天
廿四日	初六大暑	**星期二**

TUESDAY, JUL. 11

《关于群化的遗落者》 王世荣 雕塑 180cm×150cm×80cm 2019年

2023
七月大

12

癸卯年五月大 廿五日	初六大暑	初伏第二天 星期三

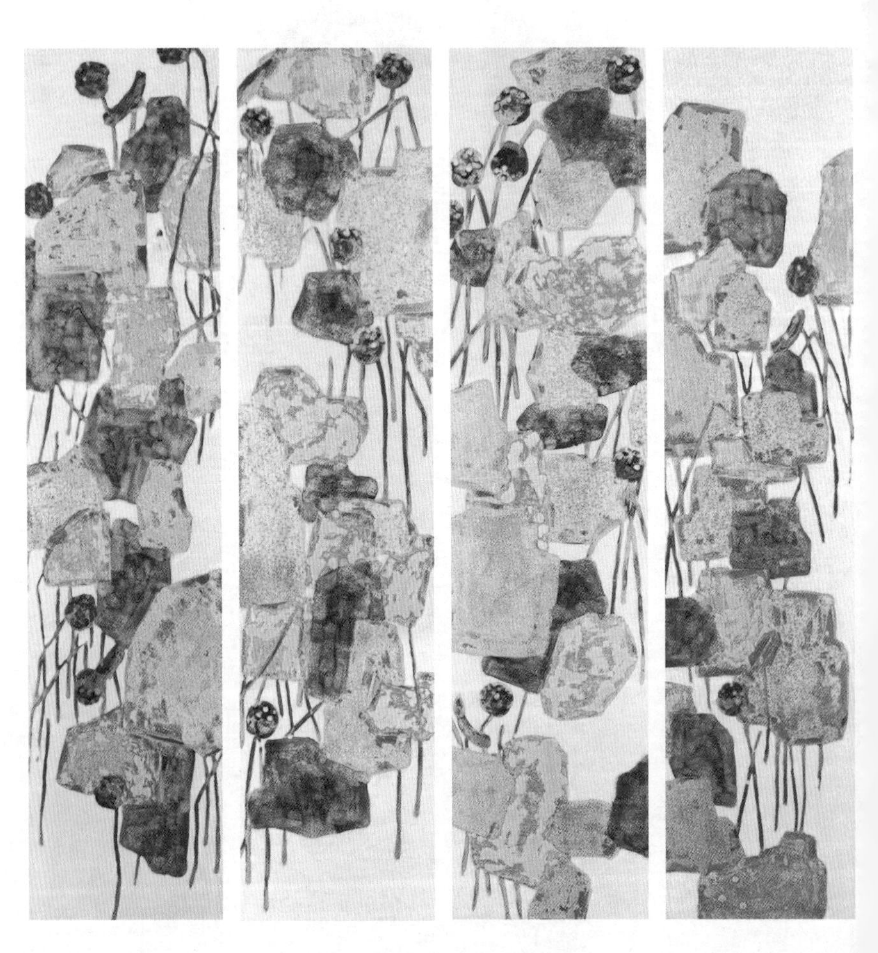

《芫秽》 张晴倬　瓷板画　150cm×120cm　2019年

2023

七月大

13

癸卯年五月大 廿六日	初六大暑	初伏第三天 星期四

THURSDAY, JUL. 13

《禁果》 陈颖慈　设计　尺寸可变　2019年

2023

七月大

14

癸卯年五月大 廿七日	初六大暑	初伏第四天 星期五

《情系陕北》 肖瑶 雕塑 350cm×100cm×50cm 2019年

15 16

星期六 星期日

初伏第五天 廿八日	初六大暑	初伏第六天 廿九日

《疑似梦境回童年》 李磊颖 瓷板画 50cm×50cm×2 2021年

2023
七月大

17

癸卯年五月大 三十日	初六大暑	初伏第七天 星期一

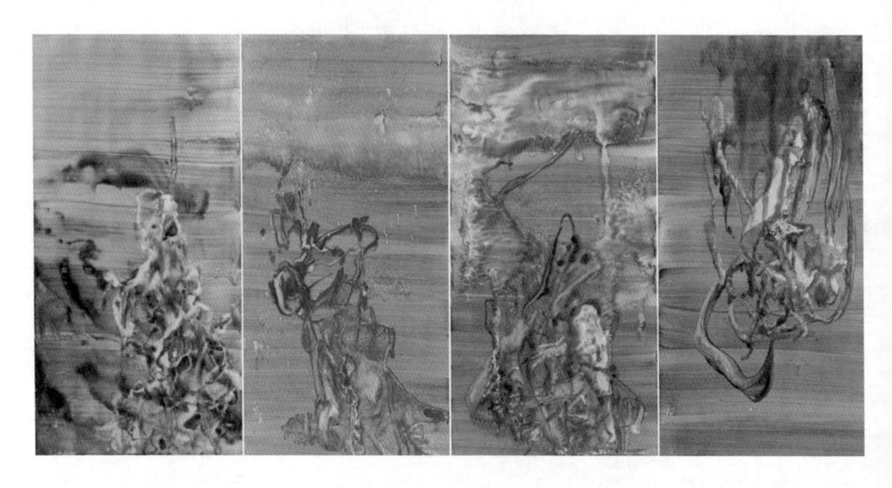

《水之影》 汤正庚 瓷板画 110cm×200cm 2021年

《烟波友》 汤正庚 瓷板画 110cm×110cm 2021年

2023
七月大

18

癸卯年六月小 初一日	初六大暑	初伏第八天 星期二

《化象》 张小池 雕塑 尺寸可变 2021年

2023
七月大

19

癸卯年六月小 **初二日**	初六大暑	初伏第九天 **星期三**

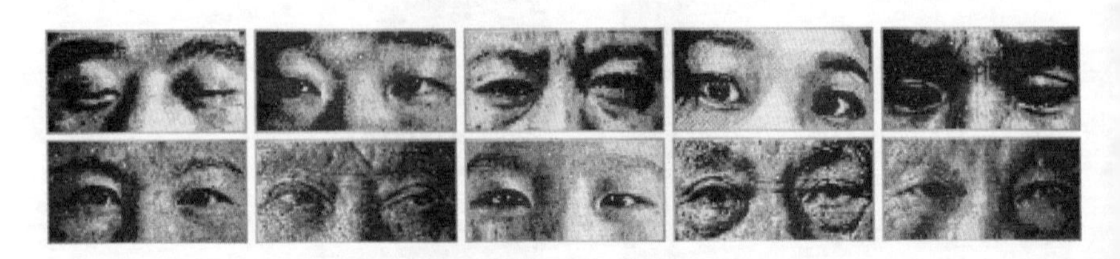

《画像》系列　张琨　瓷板画　61cm×1220cm×5cm　2021年

2023
七月大

20

癸卯年六月小 初三日	初六大暑	初伏第十天 星期四

《大江东去》 黄胜 雕塑 56cm×27cm×30cm 2021年

2023
七月大

21

癸卯年六月小 初四日	初六大暑	中伏第一天 星期五

FRIDAY, JUL. 21

《飞流直下三千尺》 詹伟 瓷板画 80cm×100cm 2021年

22 23

星期六		星期日
中伏第二天 **初五日**	初六大暑	中伏第三天 **初六日**

《核》 王春木 雕塑 400cm×200cm×170cm×3 2022年

2023
七月大

24

癸卯年六月小 **初七日**	廿二立秋	中伏第四天 **星期一**

山東藝術學院
SHANDONG UNIVERSITY OF ARTS

山东艺术学院建校于1958年，坐落在名泉簇拥的历史文化名城济南，是山东省人民政府与国家文化和旅游部共建高校，具有艺术学门类下五个一级学科硕士学位授予权，为山东省2017年至2023年博士学位授予立项建设单位。学校扎根山东、面向全国，以服务文化建设和文化产业发展为重点，努力建设特色鲜明、国内一流的现代化高水平艺术大学。建校之初，一大批在国内享有盛名的艺术家、艺术教育家在学校工作、生活。早年与徐悲鸿一起留学欧洲的李超士、戴秉心，与人民音乐家冼星海一起留学欧洲的李杰民，弘一法师（李叔同）的弟子刘质平，与张书旂、徐悲鸿并称为“金陵三杰”的柳子谷，著名艺术家关友声、黑伯龙、于希宁、吕品、宗惟成、刘鲁生、张彦青、王企华、宋居田、李华萱、刘乐夫、傅二石、金灼南、范峻青、何锦文、项堃、阮斐、殷宝忠、徐俊华、俞砚霞等老先生都曾在这里执教，奠定了山东艺术学院发展的根基，也奠定了山东艺术教育的坚实基础。1978年学校恢复招生后，王音旋、朱德九、赵庆霞、曲广义、孙继南、张庆朗、唐尔丰、牟善平、崔世光、王俊生、卜庆孝、赵玉琢、朱铭、李振才、史振峰、陈凤玉、单应桂、曹昌武、段谷风、王立志、张洪祥、陈皋、杨松林、路璋、曲志刚、梁敬泗、李百钧、兰瑛、程慰世、安士英等一批名家在这里耕耘树艺。这些德艺双馨的老艺术家，严谨治学、潜心创作，为社会留下了一件件艺术珍品，也为学校留下了弥足珍贵的精神财富，即“闳约深美”的校训精神。

学校现有文东和长清两个校区，占地1000余亩，建筑面积近37万平方米，在青岛建设电影艺术产学研基地；馆藏图书98万余册；有音乐学院、美术学院、戏剧学院、现代音乐学院、设计学院、艺术管理学院、舞蹈学院、戏曲学院、传媒学院、城市艺术与创意学院、电影学院、书法学院、国际艺术交流学院、公共教育学院、马克思主义学院15个教学单位。学校现有享受国务院政府特殊津贴专家11人，全国优秀教师7人，山东省有突出贡献的中青年专家8人，省级教学名师8人，山东省高等学校重点学科（重点实验室、人文社会科学研究基地）首席专家5人，音乐学、民族音乐学先后被山东省批准设立泰山学者岗位。

学校现有33个本科专业，其中有15个国家级一流本科专业建设点（舞蹈表演、绘画、

2023
七月大

25

癸卯年六月小 **初八日**	廿二立秋	中伏第五天 **星期二**

环境设计、工艺美术、音乐学、广播电视编导、书法学、数字媒体艺术、音乐表演、中国画、美术学、艺术设计学、视觉传达设计、动画、戏剧影视美术设计），6个省级一流本科专业建设点（艺术史论、作曲与作曲技术理论、表演、雕塑、文化产业管理、舞蹈学）；3个国家级特色专业（绘画、公共事业管理、艺术设计），6个山东省品牌特色专业（绘画、公共事业管理、艺术设计、表演、音乐学、广播电视编导），2个山东省高水平应用型立项建设专业群（广播电视编导专业群、戏剧影视导演专业群）；1个国家级人才培养模式创新实验区（美术学科自主成才人才培养模式实验区）。有1个“山东省一流学科”培育建设学科（音乐与舞蹈学），3个山东省重点学科（音乐学、美术学、戏剧戏曲学，其中音乐学为山东省特色重点学科），1个山东省高水平培育建设学科（美术学），8个山东省文化艺术科学重点学科（音乐学、美术学、中国画学、设计学、艺术学理论、舞蹈学、戏曲学、广播电视艺术学）。有1个国家级研究机构（“山东年画”全国普通高校中华优秀传统文化传承基地），11个省级研究、培养基地（音乐文化研究基地、齐鲁音乐研究基地、非物质文化遗产研究基地、“山东秧歌”山东省优秀传统文化传承基地、齐鲁传统音乐传承研究基地、“山东年画”山东省中华优秀传统文化传承基地、山东省非物质文化遗产传承人群研修研习培训基地、山东传统戏曲艺术高层次人才研究培训基地、“文化遗产科技保护与利用”重点实验室、造型艺术实验教学示范中心、现代手工艺术创新产教融合研究生联合培养示范基地）。

学校大力推进与地方人民政府、企事业单位的交流合作，与济南市、威海市、临沂市、滨州市、泰安市、潍坊市、菏泽市、东营市、枣庄市等开展了政产学研合作，与中国艺术研究院、中国艺术科技研究院、山东省文旅厅等签订了战略合作协议，与多家企业合作建立了师生创作实践培训基地。

学校不断加快国际化办学步伐，与美国、日本、法国、澳大利亚、俄罗斯、韩国等国家的30余所院校签定了交流合作协议书，在学术交流、教师互派、学生互换、艺术演展、双学士学位“2+2”、双硕士学位“1+1+1”及硕博联合培养项目等方面开展了一系列交流合作。乌克兰功勋艺术家瓦连金·费里宾科教授、法国第八大学摄影系克里斯蒂安·梅耶教授、意大利艺术研究院雕塑院院长安东尼奥·迪·托马索、意大利艺术研究院秘书长兼修复教育部委员会主席乔治·邦桑蒂教授等一批国际著名专家学者受聘来校讲学授课、开设高级研修班或大师班，对我校乃至全省的绘画、摄影、雕塑、声乐、器乐、戏剧、陶瓷艺术等产生了积极而重要的影响。学校先后有11位教授被澳大利亚格里菲斯大学、韩国檀国大学聘为博士生导师，1位教授被授予荣誉教授称号，1位教授被授予意大利艺术研究院荣誉院士称号。

建校64年来，山东艺术学院为国家和社会培养了5万余名合格艺术人才，涌现出了著名歌唱家、教育家彭丽媛教授，以及倪萍、刘曦林、王沂东、隋建国、闫平、王克举、王衍成、陈瑾、徐少华、王绘春、王静、苏岩、黄港、郭跃进、宋昌林、周龙、童年、郭婷婷、于冠群、李雪、靳东、刘涛等为代表的一大批优秀毕业生。他们在各自的艺术领域取得了突出成绩，有的成为享誉全国的音乐家、美术家、表演艺术家和艺术教育家，为山东和全国文化艺术事业的发展繁荣做出了重要贡献。

山东艺术学院现任党委书记王洪禹，院长徐青峰。

2023
七月大

26

癸卯年六月小 **初九日**	廿二立秋	中伏第六天 **星期三**

《斗霸》 张洪祥 油画 200cm×450cm 1979年

2023

七月大

27

癸卯年六月小 初十日	廿二立秋	中伏第七天 星期四

《雀巢》 王力克　油画　150cm×145cm　1989年

2023
七月大

28

癸卯年六月小 十一日	廿二立秋	中伏第八天 星期五

《鸟为花飞》 程林新 油画 148cm×128cm 2004年

2023
七月大

29

星期六

30

星期日

中伏第九天 十二日	廿二立秋	中伏第十天 十三日

《血战台儿庄》 徐青峰 油画 250cm×400cm 2006年—2009年

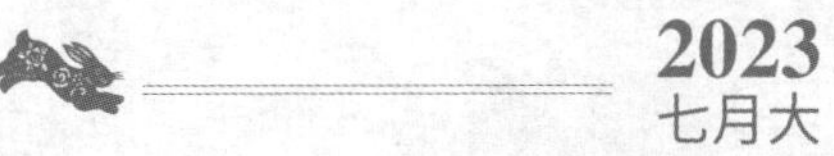

2023
七月大

31

癸卯年六月小 十四日	廿二立秋	中伏第十一天 星期一

MONDAY, JUL. 31

癸卯

《田野》　梁文博　中国画　180cm×180cm　2009年

2023

八月大

癸卯年六月小 十五日	廿二立秋	建军节 星期二

TUESDAY, AUG. 1

《写意孔府》　张志民　中国画　180cm×97cm　2012年

2023

八月大

2

癸卯年六月小 十六日	廿二立秋	中伏第十三天 星期三

WEDNESDAY, AUG. 2

《在远方》　谭智群　油画　100cm×180cm　2012年

3

癸卯年六月小 十七日	廿二立秋	中伏第十四天 星期四

《山韵系列之——有无之间》　王兴堂　中国画　125cm×360cm　2014年

2023
八月大

癸卯年六月小 **十八日**	廿二立秋	中伏第十五天 **星期五**

FRIDAY, AUG. 4

《暖阳》 宋海永 油画 180cm×180cm 2014年

5

星期六

6

星期日

中伏第十六天 **十九日**	廿二立秋	中伏第十七天 **二十日**

《远方的风景》　赵旸　油画　75cm×65cm　2017年

2023

八月大

7

癸卯年六月小 **廿一日**	明日立秋	中伏第十八天 **星期一**

MONDAY, AUG. 7

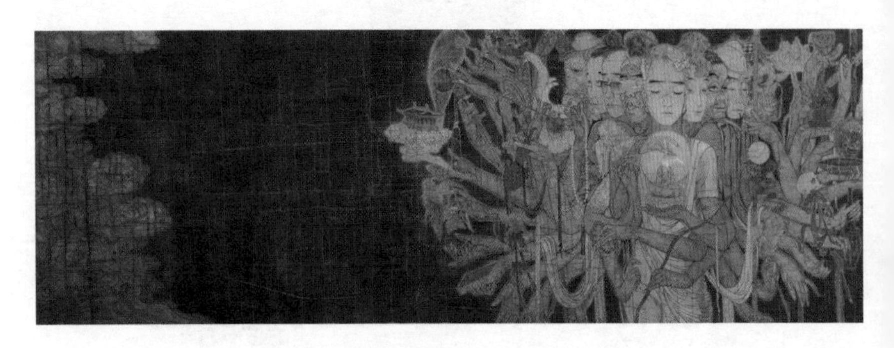

《时间之象》 杨斌 中国画 110cm×320cm 2018年

2023

八月大

8

癸卯年六月小 **廿二日**	今日立秋	中伏第十九天 **星期二**

TUESDAY, AUG. 8

《丽影》　管朴学　油画　160cm×200cm　2018年

2023

八月大

癸卯年六月小 廿三日	初八处暑	中伏第二十天 星期三

《呦呦鹿鸣》　马蕾　油画　240cm×360cm　2019年

2023
八月大

10

癸卯年六月小 廿四日	初八处暑	末伏第一天 星期四

《蒙山儿女》 王沂东 油画 140cm×120cm 2019年

2023
八月大

11

癸卯年六月小 **廿五日**	初八处暑	末伏第二天 **星期五**

FRIDAY, AUG. 11

《青春的印记》 华杰 中国画 238cm×198cm 2019年

2023
八月大

12　13

星期六　星期日

末伏第三天 廿六日	初八处暑	末伏第四天 廿七日

《吉祥祖国》　李善阳　油画　220cm×175cm　2019年

2023

八月大

14

癸卯年六月小 廿八日	初八处暑	末伏第五天 星期一

《黄河人家》　卢晓峰　中国画　215cm×500cm　2020年

2023
八月大

15

癸卯年六月小 廿九日	初八处暑	末伏第六天 星期二

TUESDAY, AUG. 15

《海岛纪事——朝霞》　张新文　油画　180cm×180cm　2021年

2023
八月大

16

癸卯年七月大 **初一日**	初八处暑	末伏第七天 **星期三**

湖北美術學院
HUBEI INSTITUTE OF FINE ARTS

湖北美术学院是我国华中地区唯一一所多学科门类与多学历层次的高等美术学府。学校前身是创办于1920年的武昌美术学校，是我国近现代最早开办的高等艺术院校之一。学校现有藏龙岛和昙华林两个校区，教职工600余人，各学历层次在校生8000余人。现有美术学、设计学、艺术学理论3个一级学科硕士学位授权点，艺术、文物与博物馆两个专业硕士学位授权点，27个本科专业，35个专业方向，3个教育部高等学校特色专业，12个国家级一流本科专业建设点，各类国家级、省级课程16门。2018年，学校被湖北人民省政府列入“双一流”建设高校（国内一流学科建设高校），美术学学科被列为国内一流学科建设学科。2021年，设计学、艺术学理论学科获批“十四五”湖北省高等学校优势特色学科。在已举办过的三届 “中国美术奖”评选中，学校教师作品均获最高奖项，包括创作奖（全国美展）金奖2项，理论评论奖1项。近年来，8项馆藏展连续入选国家文化和旅游部全国美术馆馆藏精品展出季活动项目。

学校与欧洲、北美洲和亚洲十多个国家以及中国港澳台地区23所院校签署合作协议，开展教师讲学、中青年教师访学、艺术家驻留、交换留学、短期游学、工作坊教学、国际展览等活动。主动服务地方经济社会发展，为推动湖北和武汉发展提供智力支持和人才支撑。先后承接中国驻乍得大使馆艺术品工程项目、第七届世界军人运动会武汉体育中心主场馆多项大型创作项目、湖北武汉、江西南昌轨道交通公共艺术品项目、武汉国际园林博览会、北京大兴国际机场艺术墙等一大批艺术设计项目，获得多个相关领域重大奖项。

学校主动服务“一带一路”倡议，对接长江经济带发展战略、中部地区崛起战略和武汉UNESCO设计之都的未来畅想，在“兼收并蓄”的学术精神、“兼容互动”的教学理念的引领下，对标高等艺术教育“一流大学和一流学科”建设要求，全面深化高等艺术教育改革，加快和扩大新时代教育对外开放，着力推进多元视觉人才培养模式体系改革，为建成“特色鲜明、具有国际影响力的国内一流高等美术院校”而努力奋斗。

湖北美术学院美术学、设计学、艺术学理论一级学科历史最早可追溯到1920年创办的武昌艺术专科学校的绘画、西洋画和图工科专业，1979年开始招收硕士研究生，1981

2023
八月大

17

癸卯年七月大 **初二日**	初八处暑	末伏第八天 **星期四**

THURSDAY, AUG. 17

年成为国家首批硕士学位授权点。历年来被评为湖北省重点学科、特色学科等。学校学科建设以传承与发展长江流域中部地域文化、民族文化为己任，注重楚美术形态，强化区域性特色，拓展国际视野，力图构建当代多元化视觉艺术类人才培养体系。

教育家、美术家蒋兰圃、唐义精、徐子珩等创办了华中地区首个具有现代教育意义的“武昌美术学校”，至此湖北美术学院翻开了100年恢宏历史的篇章。具有百年办学历史的湖北美术学院始终坚守“推行美育”之初心，秉持“崇德、笃学、敏行、致美”之精神，在中国美术教育实践承续血脉中积蓄了宝贵的师资力量。诸如唐一禾、王霞宙、张振铎、张肇铭、万昊、武石、郑昌中、张祖武、熊明谦、程白舟、李一夫、刘艺海、杨立光、梁培裕、阮璞、张放、刘依闻、汤麟、陈天然、王福臻、张朗、魏杨、彭述林、李钢、邵声朗、蓝玉田、冯今松、张典、徐慧玲等一大批美术教育家、艺术家。

近几年来，学校紧抓“双一流”建设契机，积极完善引才聚才、人才服务与支持保障机制，强化高层次人才的支撑引领作用，全面推进师资队伍自主培育，实现师资队伍结构优化与质量提升。

截至目前，学校有享受国务院政府特殊津贴人员9名，省突出贡献中青年专家8名，享受省人民政府专项津贴15名，湖北省新世纪高层次人才工程人选3名，湖北省“青年拔尖人才培养计划”人选1名，“楚天学者计划”讲座教授2名，“湖北产业教授”2名，二、三级教授16名，校特聘教授10名、客座（兼职）教授及高层次专门讲学人选260余人。

湖北美术学院现任党委书记鲍清芬，党委副书记、副院长周峰。

2023
八月大

18

癸卯年七月大 **初三日**	初八处暑	末伏第九天 **星期五**

湖北美術學院
HUBEI INSTITUTE OF FINE ARTS

《“七七”的号角》　唐一禾　油画　33.3cm×61.2cm　1940年

19　20

星期六　星期日

末伏第十天 初四日	初八处暑	癸卯年七月大 初五日

《穿皮大衣的老人》 杨立光 油画 86cm×61cm 1942年

2023
八月大

21

癸卯年七月大 **初六日**	初八处暑	**星期一**

《志愿军无名英雄像》　张祖武　雕塑　高400cm　1957年

2023

八月大

22

癸卯年七月大 初七日	明日处暑	七夕节 星期二

《最后一根钢梁》 武石 版画 81cm×53cm 1957年

2023
八月大

23

癸卯年七月大 初八日	今日处暑	星期三

《在二·七工人俱乐部里》　刘依闻　油画　120cm×200cm　1958年

2023
八月大

24

癸卯年七月大 **初九日**	廿四白露	**星期四**

THURSDAY, AUG. 24

《寓言雕塑——盲人摸象》 刘政德 雕塑 尺寸不详 1972年

2023

八月大

25

癸卯年七月大 初十日	廿四白露	星期五

《楚乐》 唐小禾、程犁 壁画 520cm×1250cm 1981年

2023
八月大

26　27

星期六　星期日

癸卯年七月大 十一日	廿四白露	癸卯年七月大 十二日

《爷爷的河》 尚扬 油画 100.5cm×149.5cm 1984年

2023
八月大

28

癸卯年七月大 十三日	廿四白露	星期一

MONDAY, AUG. 28

《月牙儿》　徐勇民、李全武　油画　53cm×38cm×2　1984年

2023
八月大

29

癸卯年七月大 **十四日**	廿四白露	**星期二**

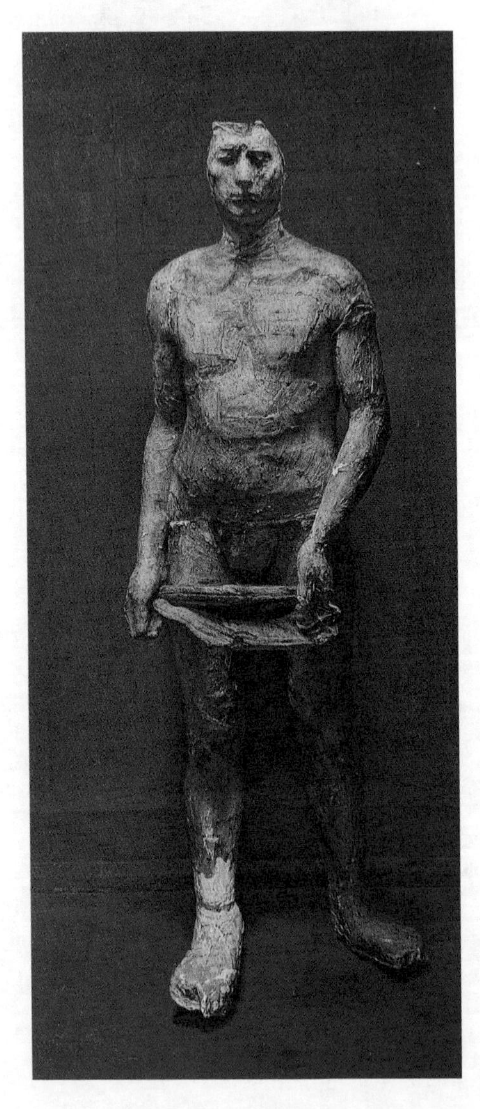

《行走的人》　石冲　油画　180cm×80cm　1993年

2023
八月大

30

癸卯年七月大 **十五日**	廿四白露	中元节 **星期三**

《心原》　李峰　中国画　180cm×180cm　1994年

2023
八月大

31

癸卯年七月大 十六日	廿四白露	星期四

癸卯

《绿树绕村含细雨》　邵声朗　中国画　136cm×68cm　2000年

2023

九月小

癸卯年七月大 十七日	廿四白露	星期五

FRIDAY, SEPT. 1

《颤动的山地》　张广慧　版画　85cm×110cm　2009年

2023
九月小

2

星期六

3

星期日

癸卯年七月大 十八日	廿四白露	癸卯年七月大 十九日

《暖月亮》 陈孟昕 中国画 230cm×220cm 2011年

2023
九月小

4

癸卯年七月大 二十日	廿四白露	星期一

《鲜果》 刘寿祥 水彩画 73cm×88cm 2012年

2023

九月小

5

癸卯年七月大 廿一日	廿四白露	星期二

TUESDAY, SEPT. 5

《亮宝节上的人们》 许海刚 水彩画 156cm×150cm 2014年

2023
九月小

6

癸卯年七月大 廿二日	廿四白露	星期三

《无题》　曾梵志　油画　250cm×350cm　2018年

2023
九月小

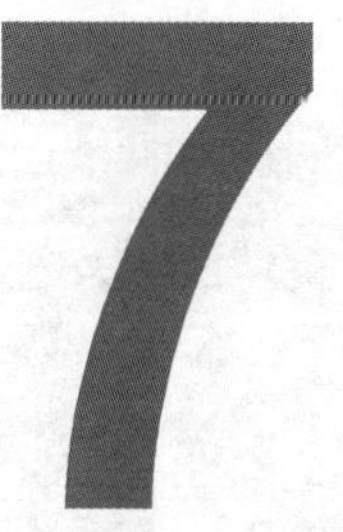

癸卯年七月大 廿三日	明日白露	星期四

《阳光下的大桥浇筑工》　曹丹　版画　150cm×120cm　2019年

2023

九月小

8

癸卯年七月大 **廿四日**	今日白露	**星期五**

广州美术学院

广州美术学院前身是中南美术专科学校，是根据国家建设布局，于1953年组建于湖北武汉的专门美术院校，时由中南文艺学院、华南人民文学艺术学院、广西艺专等院校相关系科和人员合并而成。首任校长为参加过延安文艺座谈会的著名革命美术家胡一川，首任副校长为著名油画家杨秋人、著名中国画画家关山月和阳太阳。

1958年中南美术专科学校由武汉南迁广州，更名为广州美术学院。1981年获全国首批硕士学位授予权，1987年开始招收外国及中国港澳台地区学生，2005年获准为国家首批艺术硕士（MFA）培养试点单位，2021年经国务院学位委员会审议批准，获批成为博士学位授予单位，美术学和设计学获批为一级学科博士学位授权点。学校目前有艺术学理论、美术学、设计学3个一级学科硕士学位授权点以及艺术、风景园林、文物与博物馆、教育4个专业硕士学位授权点。

学校坚持用习近平新时代中国特色社会主义思想铸魂育人，贯彻党的教育方针，落实立德树人根本任务，坚持“守正创新、开放包容、关注现实、服务社会”的办学理念，经过60多年的发展，形成了把握时代脉搏，关注社会需求，以美术与设计创新能力培养为重点，以艺术学理论与人文教育为支撑，多学科交叉融合，产学研联动，主动为社会和经济发展服务的办学特色，凝练出“先学做人，再事丹青”的校训。

学校现有三个广东省“冲补强”提升计划重点建设学科——美术学、设计学、艺术学理论。在“冲补强”2018年至2020年建设期满考核评价中，学校两个一级学科“美术学”“设计学”获评“A”等级，“艺术学理论”获评“B”等级。在2017年教育部组织的全国第四轮学科评估中，学校两个一级学科“美术学”“设计学”获评“B+”，“艺术学理论”获评“B”级，在广东省高校同类学科中位居首位，全国位居前列。

近年来，学校主动适应国家和区域经济社会发展需要，适应知识创新、科技进步以及学科发展需要，结合学校办学定位和办学条件，深入推进学科专业一体化建设，不断优化专业建设机制，提高人才培养质量。学校现有教育部一流本科专业“双万计划”国家级建设点18个，省级一流专业建设点6个；国家级专业综合改革试点项目专业1个，国家级特色专业4个；省级特色专业8个，省级重点专业2个，省级专业综合改革试点项目

2023

九月小

9

10

星期六

星期日

癸卯年七月大 廿五日	初九秋分	教师节 廿六日

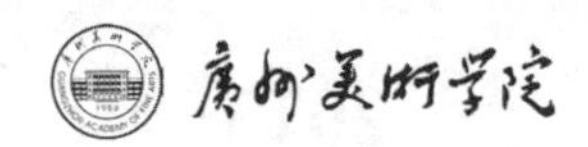

6个，省级应用型人才培养示范专业2个，在专业建设上正逐步形成关注社会需求，一流专业为支撑、多学科交叉融合、动态调整的专业发展格局。

学校有雄厚的师资力量，在建校60多年的历程中，涌现了诸如胡一川、杨秋人、阳太阳、关山月、黎雄才、王肇民、高永坚、迟轲、陈少丰、杨之光、潘鹤、郑餐霞、刘其敏、陈晓南、陈铁耕、张信让等彪炳史册的艺术大家。在当下，郭绍纲、陈金章、梁世雄、尹国良、郑爽、梁明诚、张治安、尹定邦、潘行健、王轫、王受之、杨尧、黎明、赵健、全森、吴卫光、方楚雄、郭润文、童慧明、李劲堃、黄启明、林蓝、范勃、蔡拥华、宋光智等一批名师长期在我校执教。学校现有在职教职工974人，其中专任教师558人，正高级职称72人，副高级职称181人。教师队伍中，聚集了全国高校黄大年式教师团队，中国美术家协会副主席，广东省美术家协会主席、副主席，国务院学位委员会学科评议组成员，享受国务院政府特殊津贴专家，教育部新世纪优秀人才，教育部教学指导委员会副主任，中国美术家协会理事以及各艺术委员会主任、副主任，中国各美术与设计专业学会理事等一批优秀人才。

步入新时代，广州美术学院依托广东作为改革开放排头兵、先行地和实验区的优势，立足粤港澳大湾区，凭借历史、区位、经济发展、文化资源以及人才汇聚的多方面优势，以高起点、新作为推进人才培养、科研创作，更好地为新时代社会发展提供服务，主动融入粤港澳大湾区建设等国家战略，乘着"一带一路"倡议的东风加速向前。

广州美术学院现任党委书记谢昌晶，院长范勃。

2023
九月小

11

癸卯年七月大 廿七日	初九秋分	星期一

MONDAY, SEPT. 11

《牛犋变工队》 胡一川 版画 11.4cm×18.8cm 1943年

2023

九月小

12

癸卯年七月大 廿八日	初九秋分	星期二

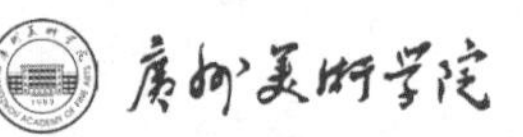

《一辈子第一回》　杨之光　中国画　101cm×63cm　1954年

2023

九月小

13

癸卯年七月大 廿九日	初九秋分	星期三

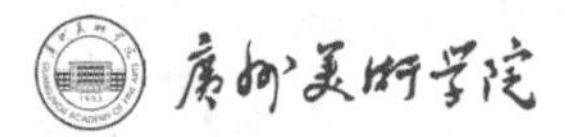

《武汉防汛图》 黎雄才 中国画 30.4cm×2788cm 1956年

2023
九月小

14

癸卯年七月大 **三十日**	初九秋分	**星期四**

THURSDAY, SEPT. 14

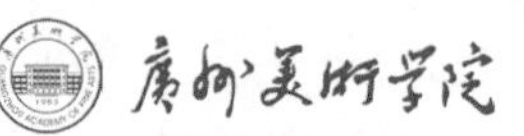

《戴红帽的女青年像》　郭绍纲　油画　89cm×65cm　1960年

2023

九月小

15

癸卯年八月大

初一日

初九秋分

星期五

FRIDAY, SEPT. 15

《石谷新田》　林丰俗　中国画　69.5cm×78.5cm　1972年

2023

九月小

16 17

星期六 星期日

癸卯年八月大 初二日	初九秋分	癸卯年八月大 初三日

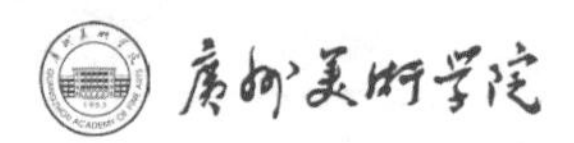

《绿色长城》　关山月　中国画　144.5cm×251cm　1974年

2023
九月小

18

癸卯年八月大 初四日	初九秋分	星期一

MONDAY, SEPT. 18

《大刀进行曲》　潘鹤、梁明诚　雕塑　360cm×360cm×240cm　1976年

2023

九月小

19

癸卯年八月大 初五日	初九秋分	星期二

《大叶紫薇》　王肇民　水彩画　53cm×39cm　1977年

2023
九月小

20

癸卯年八月大 初六日	初九秋分	星期三

WEDNESDAY, SEPT. 20

《开荒牛》　潘鹤　雕塑　100cm×420cm×150cm　1983年

2023

九月小

21

癸卯年八月大 初七日	初九秋分	星期四

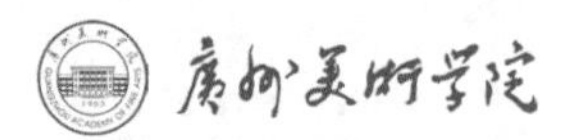

《黑牡丹白牡丹》 郑爽 版画 52cm×72.5cm 1984年

2023
九月小

22

癸卯年八月大 初八日	明日秋分	星期五

《广州起义》　郭润文　油画　130cm×215cm　1991年

2023

九月小

23

癸卯年八月大 初九日	今日秋分	星期六

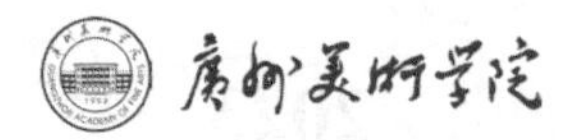

《龙腾虎跃》　陈金章　中国画　85cm×180cm　2003年

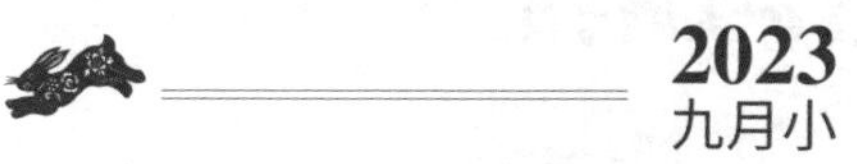

2023

九月小

24

癸卯年八月大 初十日	廿四寒露	星期日

SUNDAY, SEPT. 24

广州美术学院

《夏有凉风之二》 黄启明 版画 60cm×98cm 2009年

2023

九月小

25

癸卯年八月大 十一日	廿四寒露	星期一

MONDAY, SEPT. 25

《上海世博会中国国家馆展示设计》　广州美术学院旗下广东省集美设计工程有限公司设计　尺寸不详　2010年

2023
九月小

26

癸卯年八月大 十二日	廿四寒露	星期二

TUESDAY, SEPT. 26

廣州美術學院

《冰墩墩》 2022年北京冬奥会吉祥物冰墩墩广州美术学院设计团队 设计 尺寸可变 2019年

2023
九月小

27

癸卯年八月大 十三日	廿四寒露	星期三

《长江之歌》　李劲堃、林杨杰、莫菲、黄涛　中国画　300cm×800cm　2021年

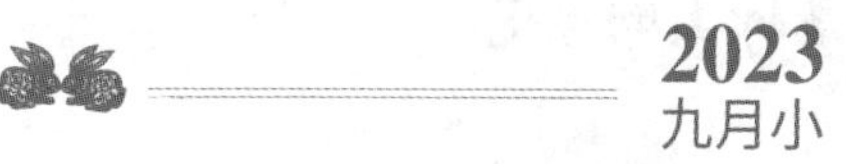

2023
九月小

28

癸卯年八月大 十四日	廿四寒露	星期四

《创办经济特区》 范勃、郭祖昌、林锋 油画 300cm×450cm 2021年

2023

九月小

29

癸卯年八月大 十五日	廿四寒露	中秋节 星期五

《屏视世界：融合与聚变》　广州美术学院新媒体服装艺术展演　设计　尺寸不详　2021年

2023

九月小

30

癸卯年八月大 十六日	廿四寒露	星期六

2023

廣西藝術學院
Guangxi Arts University

广西艺术学院位于广西壮族自治区首府南宁市，是全国八所综合性普通本科高等艺术院校之一。现为国家文化和旅游部与广西壮族自治区人民政府共建高校，教育部本科教学评估优秀高校，广西特色优势高校，广西博士单位立项建设高校，国家中西部高校基础能力建设工程高校。

学校前身是我国著名音乐家满谦子先生和现代杰出画家、美术教育家徐悲鸿先生以及著名作曲家、音乐教育家吴伯超先生于1938年倡议建立的“广西省会国民基础学校艺术师资训练班”。

学校高度重视学科专业建设，现有美术学等6个一级学科硕士授权点，3个专业硕士学位授权点，40个本科专业，11个高职专业，形成了较为完备的高等艺术教育体系。在国务院第四轮学科评估中，我校美术学一级学科被评定为“B+”，美术学是广西一流学科。

2021年，广西艺术学院获批广西立项建设新增博士学位授予单位（A类）；2022年获批第8批广西博士后创新实践基地。学校现有10个国家级一流专业建设点，4个省级一流专业建设点。在2022软科中国大学专业排名中，学校获得1个“A+”专业，7个“A”类专业，8个“B+”专业。

学校坚持以人民为中心的创作导向，倡导师生深入生活、扎根人民开展艺术创作，深入推进两个“三部曲”创作，美术类《八桂脱贫攻坚图》《八桂百年征程图》和音乐舞蹈类《拔哥》《丝路远航》已经成功推出并广获好评，将继续推进《八桂壮美锦绣图》和《瑶山韵秀》的创作。

近年来，获广西文艺创作铜鼓奖25项，第十三届全国美术作品展中共有46件作品入选，教师创作的5件美术作品入选中国共产党历史展览馆展陈并被永久收藏。以学校美术教师为主体的“漓江画派”已发展成为走向世界的文化品牌，为扩大广西的影响力和知名度做出了重要贡献。学报《艺术探索》为《中文社会科学引文索引》（CSSCI）扩展版来源刊。

学校现有美术学、音乐与舞蹈学、艺术学理论、设计学、戏剧与影视学、新闻传播

2023
十月大

癸卯年八月大 十七日	廿四寒露	国庆节 星期日

学6个一级学科，其中美术学、音乐与舞蹈学为广西一流学科、博士学位授予立项重点建设学科、广西优势特色学科；设计学、艺术学理论、戏剧与影视学、传播学为广西重点学科。在第四轮学科评估中，美术学获“B+”、音乐与舞蹈学和设计学获“B”，全省10个最好学科里我校占3个。

我校美术教学有80余年的历史，徐悲鸿、阳太阳、陈烟桥、黄独峰、朱培钧、黄格胜、郑军里等知名艺术家和艺术教育家默默耕耘，执教治学。我校的中国画名师：黄格胜、郑军里、阳山；油画名师：张冬峰、谢森、黄菁；水彩名师：黄超成；版画名师：雷务武；雕塑名师：石向东、黄月新，为美术学学科发展奠定了深厚的基础。

1980年，美术学科开始研究生教育，至今已为社会输送了近万名高层次专业艺术人才。近年来，美术学学科充分发挥自身优势，在民族美术创作和漓江画派建设方面的特色凸显，学术影响力日益提升。

学校将坚持社会主义办学方向，全面落实立德树人根本任务，培养德艺双馨的优秀艺术人才；充分依托广西丰富的民族文化资源优势和毗邻东盟的跨文化交流资源优势，打好 “东盟牌”“民族牌”，向着建设成为“国内一流、国际有影响、特色鲜明的综合性艺术大学”不断迈进，在建设新时代中国特色社会主义壮美广西的新征程中贡献更大力量。

广西艺术学院现任党委书记蔡昌卓，校长侯道辉。

2023

十月大

2

癸卯年八月大 十八日	廿四寒露	星期一

MONDAY, OCT. 2

《长风铸春秋》 石向东 雕塑 150cm×200cm×50cm 2004年

2023
十月大

3

癸卯年八月大 十九日	廿四寒露	星期二

TUESDAY, OCT. 3

《壮乡情韵》 阳山 中国画 195cm×180cm 2009年

2023

十月大

癸卯年八月大 二十日	廿四寒露	星期三

《夏去秋来》　黄菁　油画　130cm×170cm　2010年

2023

十月大

5

癸卯年八月大 廿一日	廿四寒露	星期四

《青影》　梁业健　版画　100cm×115cm　2014年

2023

十月大

6

癸卯年八月大 廿二日	廿四寒露	星期五

《往梦·依稀》　王芯宇　水彩画　106cm×78cm　2019年

2023
十月大

7

癸卯年八月大 廿三日	明日寒露	星期六

《乡韵》　张冬峰　油画　160cm×130cm　2019年

2023
十月大

8

癸卯年八月大 **廿四日**	今日寒露	**星期日**

SUNDAY, OCT. 8

《恰同学少年·NO.8》　何光　油画　150cm×200cm　2019年

2023

十月大

癸卯年八月大 廿五日	初十霜降	星期一

《笙声不息》　郑军里　中国画　228cm×114cm　2019年

2023
十月大

10

癸卯年八月大 廿六日	初十霜降	星期二

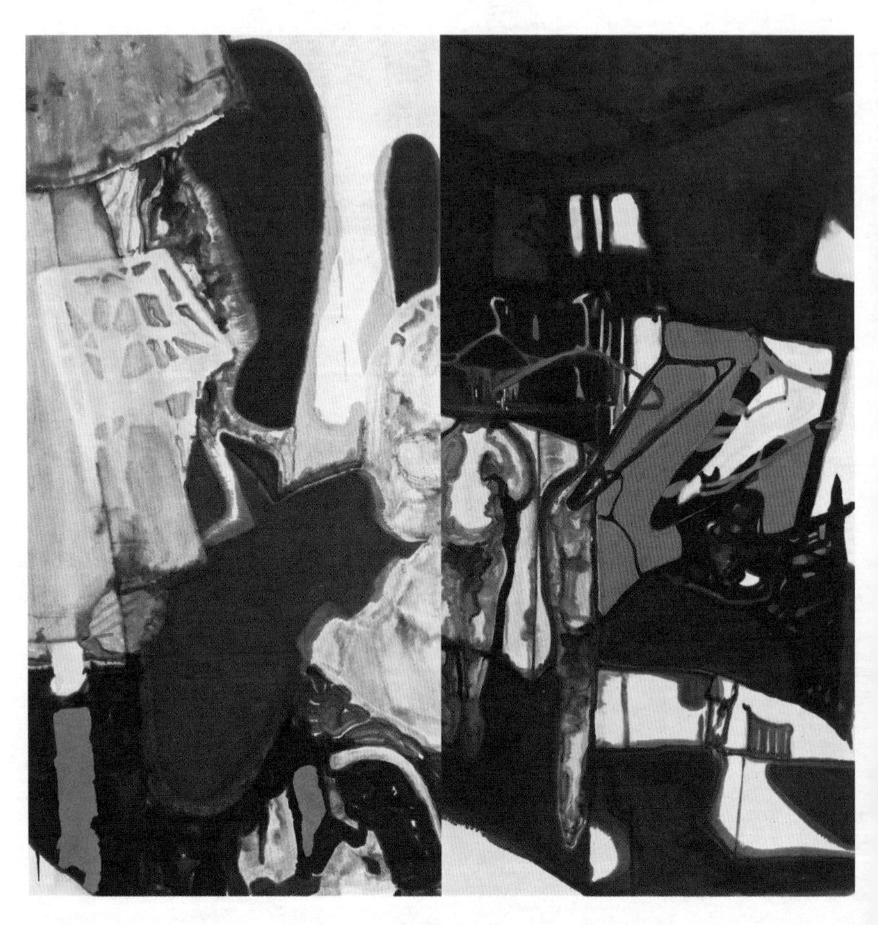

《一天》　胡昕　中国画　160cm×160cm　2019年

2023

十月大

11

癸卯年八月大 廿七日	初十霜降	星期三

《壮乡情韵》　黄文洋　雕塑　144cm×68cm×38cm　2019年

2023

十月大

12

癸卯年八月大 廿八日	初十霜降	星期四

THURSDAY, OCT. 12

《太湖石与竹》　黄少鹏　综合材料绘画　200cm×200cm　2019年

2023

十月大

13

癸卯年八月大 廿九日	初十霜降	星期五

FRIDAY, OCT. 13

《云端上的歌》　黄月新　雕塑　109cm×122cm×50cm　2019年

2023
十月大

14 15

星期六　星期日

癸卯年八月大 三十日	初十霜降	癸卯年九月小 初一日

《凌霜绽放之二》　雷务武　版画　92cm×92cm　2019年

2023

十月大

16

癸卯年九月小 初二日	初十霜降	星期一

MONDAY, OCT. 16

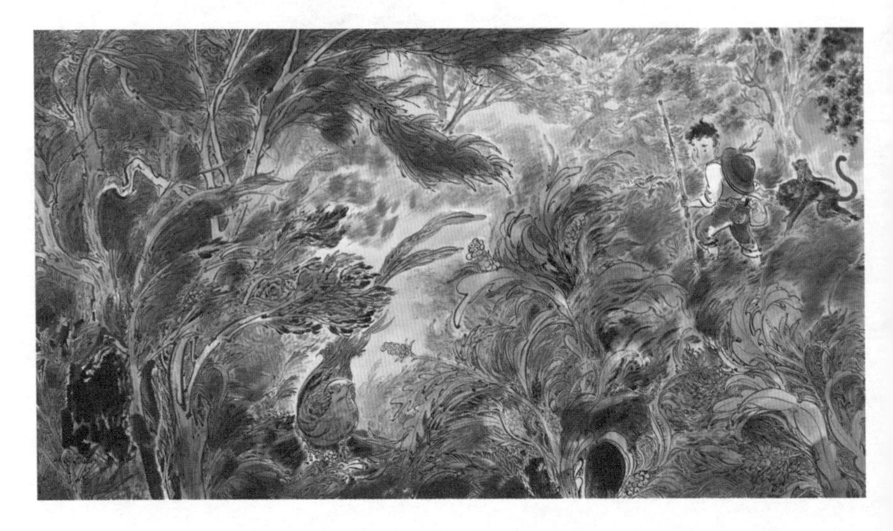

《百鸟衣》之一　潘丽萍　插图　尺寸不详　2019年

2023

十月大

17

癸卯年九月小 初三日	初十霜降	星期二

TUESDAY, OCT. 17

《绿水青山》　韦俊平　中国画　179cm×192cm　2020年

2023
十月大

18

癸卯年九月小 初四日	初十霜降	星期三

WEDNESDAY, OCT. 18

《石上人家写生亭》　黄格胜　中国画　68cm×138cm　2020年

2023
十月大

19

癸卯年九月小 初五日	初十霜降	星期四

THURSDAY, OCT. 19

《红土甘蔗》　谢森　油画　150cm×160cm　2021年

2023

十月大

20

癸卯年九月小 初六日	初十霜降	星期五

《油茶飘香》　黄超成　水彩画　150cm×115cm　2022年

2023
十月大

21		22
星期六		星期日
癸卯年九月小 初七日	初十霜降	癸卯年九月小 初八日

四川美术学院
SICHUAN FINE ARTS INSTITUTE

四川美术学院创办于1940年，是中国西南地区唯一一所高等专业美术院校，是一所特色鲜明、水平一流的艺术院校，是能够代表重庆乃至中国艺术走向世界舞台的高等艺术院校。

四川美术学院，前身的一脉是1940年由李有行、沈福文等归国艺术教育家在成都创立的四川省立艺术专科学校；一脉是1950年西北军政大学艺术骨干南下重庆创立的西南人民艺术学院。1953年，两校美术、设计类学科合并，成立西南美术专科学校，定址重庆市九龙坡区黄桷坪，并于次年开始兴办附属中等美术学校。1959年，更名为四川美术学院，招收4年制本科，成为当时全国五大美院之一。1981 年，成为国家首批硕士学位和学士学位授予单位。2008年被列为重庆市博士学位授予单位中期建设高校；2018年被列为重庆市新增博士学位授予单位立项建设高校；2021年正式获批美术学、设计学2个一级学科博士学位授权点。在全国第四轮学科评估中，4个一级学科均上榜，其中美术学获评“A-”、设计学获评“B+”，学科实力在重庆市和全国同类院校居于前列。

建校以来，四川美术学院以“出人才、出作品”享誉国内外，在各个时期为国家培养了大批优秀的艺术专门人才，创作了一批批艺术精品，尤其以《收租院》《毛主席纪念堂汉白玉坐像》等雕塑，和以《父亲》为代表的“伤痕乡土绘画”等为代表的创作产生了深远影响。改革开放以来，学校的设计、动漫、建筑、新媒体、艺术理论等学科发展迅速，为社会经济文化建设做出了重要贡献。悠久的办学历史凝结成“志于道，游于艺”的校训。学校的奋斗目标是：到2040年建校100周年时，建成国内一流、国际知名的美术学院。

学校确立了“高素质、创新性、实践型”艺术人才培养目标，坚持以本为本，全面开展教学建设，构建了“大平台+多通道”人才培养模式。针对全体学生，打造了“思政人文”“专业教育”“实践教学”和“信息化教学”四大平台，保障了本科教育整体质量。为培养艺术拔尖创新人才，学校设立了“拔尖人才培养”“特色工作室培养”“青年艺术家驻留”“创新创业教育”等多通道培养计划，扶持有潜力的优秀学生成长成才。“思政+艺术”大学生思想政治教育成果显著，受到中央政治局委员、重庆

2023

十月大

23

癸卯年九月小 初九日	明日霜降	重阳节 星期一

市委书记陈敏尔的高度评价；注重专业教育与创新创业教育的融合，荣获“全国深化创新创业教育改革示范高校”“全国创新创业典型经验高校”称号；持续打造“开放的六月”艺术游展览品牌，获批重庆美育改革实验区；建设特色校园，强化环境育人，良好的人才培养条件赢得社会各界的广泛好评。2018年学校接受教育部专家组本科教学审核评估获得优异成绩。

学校现有重庆市黄桷坪校区和大学城虎溪校区，总面积1200亩。现已建成一流的专业美术馆和图书馆、一流的艺术创作社区、一流的艺术教学示范中心、一流的创新创业众创空间，校园环境、教学设施、师资水平在全国美术院校中都走在前列。现设有本科招生专业24个，全部为省级一流本科专业建设点，其中18个专业还获批国家级一流本科专业建设点。设有中国画与书法艺术学院、造型艺术学院、艺术人文学院、艺术教育学院、影视动画学院、建筑与环境艺术学院、设计学院、实验艺术学院、公共艺术学院、马克思主义学院、通识学院共11个二级学院。现有教职工600余人，全日制本科生、硕士研究生和留学生7500余人。

四川美术学院现任党委书记唐青阳，院长庞茂琨。

2023

十月大

24

癸卯年九月小 **初十日**	今日霜降	**星期二**

《飞夺泸定桥》 刘国枢 油画 138cm×193cm 1959年

2023

十月大

25

癸卯年九月小 十一日	廿五立冬	星期三

收租院泥塑群像

《收租院》 赵树同、王官乙、李绍端、龙绪理、张绍熙、廖德虎、范得高、姜全贵、李奇生、张富纶、唐顺安、任义伯、伍明万、龙德辉、隆太成、黄守江、洛加泽仁、马黑土格、李美述

雕塑 尺寸不详 1965年

2023

十月大

26

癸卯年九月小 十二日	廿五立冬	星期四

THURSDAY, OCT. 26

《父亲》　罗中立　油画　216cm×152cm　1980年

2023
十月大

27

癸卯年九月小 十三日	廿五立冬	星期五

《春风已经苏醒》 何多苓 油画 96cm×130cm 1981年

28

星期六

29

星期日

癸卯年九月小 十四日	廿五立冬	癸卯年九月小 十五日

《苹果熟了》　庞茂琨　油画　150cm×100cm　1983年

2023

十月大

30

癸卯年九月小 十六日	廿五立冬	星期一

四川美术学院
SICHUAN FINE ARTS INSTITUTE

《歌乐山烈士群雕》　江碧波、叶毓山　雕塑　1100cm×700cm×700cm　1981年—1986年

2023

十月大

31

癸卯年九月小 十七日	廿五立冬	星期二

2023
11

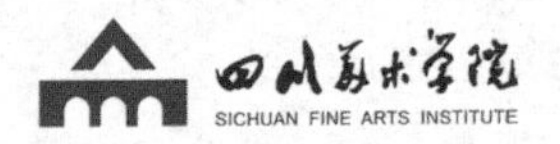

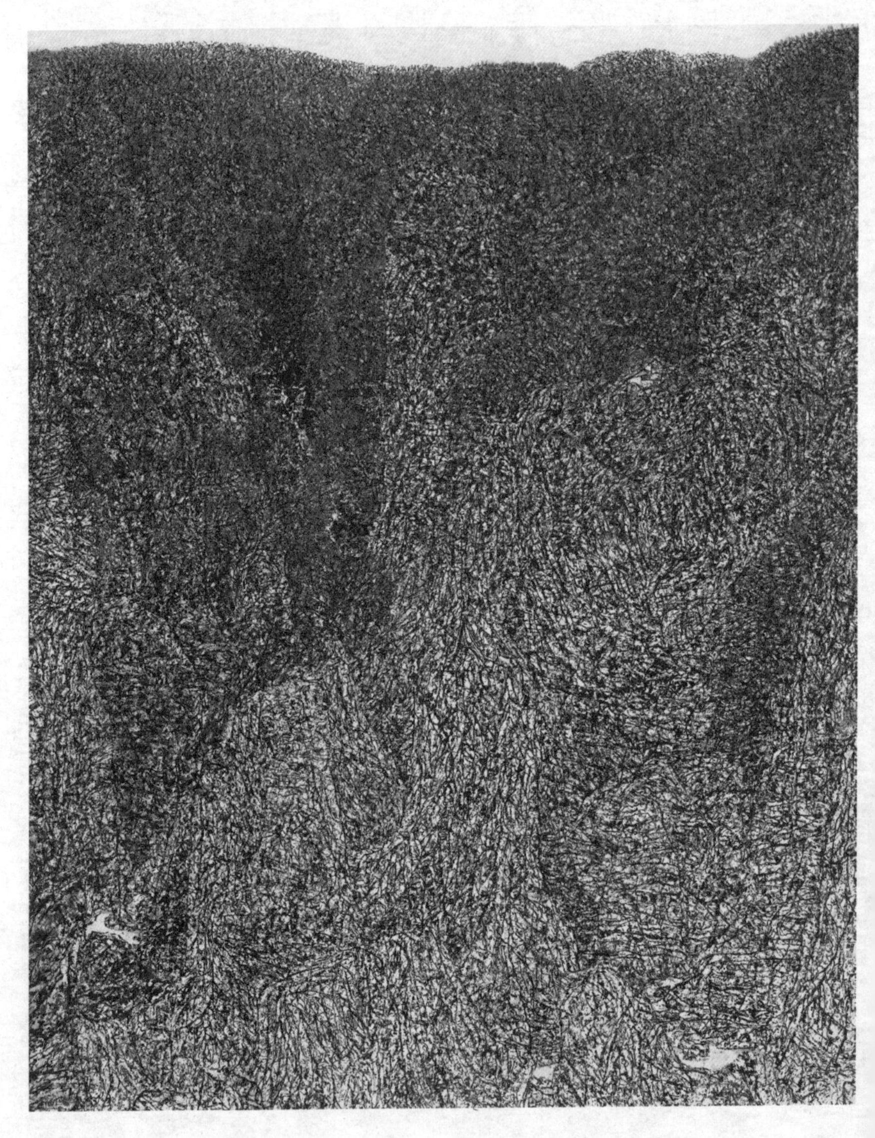

《红岭》 唐允明 中国画 221cm×176cm 1994年

2023

十一月小

1

癸卯年九月小 十八日	廿五立冬	星期三

WEDNESDAY, NOV. 1

四川美术学院
SICHUAN FINE ARTS INSTITUTE

《霜重巴山》　李文信　中国画　68cm×68cm　1997年

2023

十一月小

2

癸卯年九月小 **十九日**	廿五立冬	**星期四**

THURSDAY, NOV. 2

《飞翔》 康宁 版画 60cm×68cm 2000年

2023
十一月小

3

癸卯年九月小 二十日	廿五立冬	星期五

《一切早已存在，只有经过时显形》　钟飙　丙烯画　400cm×1200cm　2012年

2023
十一月小

4　　　　5

星期六　　星期日

癸卯年九月小 廿一日	廿五立冬	癸卯年九月小 廿二日

《黄山松涛》　黄越　中国画　136cm×68cm　2017年

2023

十一月小

6

癸卯年九月小 廿三日	廿五立冬	星期一

MONDAY, NOV. 6

四川美术学院
SICHUAN FINE ARTS INSTITUTE

《盛世年华》　王朝刚　油画　230cm×190cm　2019年

2023
十一月小

7

癸卯年九月小 **廿四日**	明日立冬	**星期二**

四川美术学院
SICHUAN FINE ARTS INSTITUTE

《烈火青春》　焦兴涛　雕塑　182cm×45cm×52cm　2019年

2023

十一月小

8

癸卯年九月小 廿五日	今日立冬	星期三

四川美术学院
SICHUAN FINE ARTS INSTITUTE

《战斗在黎明前的黑暗》　张杰　油画　300cm×450cm　2020年

2023

十一月小

癸卯年九月小 廿六日	初十小雪	星期四

《丹江口库区的移民搬迁与南水北调世纪工程》 陈树中、陈一墨
油画 300cm×580cm 2020年

2023

十一月小

10

癸卯年九月小 廿七日	初十小雪	星期五

《冬去春来》　焦兴涛、申晓南、龚吉伟、应平、刁伟、姜凡、杨洲、张超、王韦、赵強、张文先
雕塑　260cm×1040cm×280cm　2020年—2021年

11		12
星期六		星期日
癸卯年九月小 廿八日	初十小雪	癸卯年九月小 廿九日

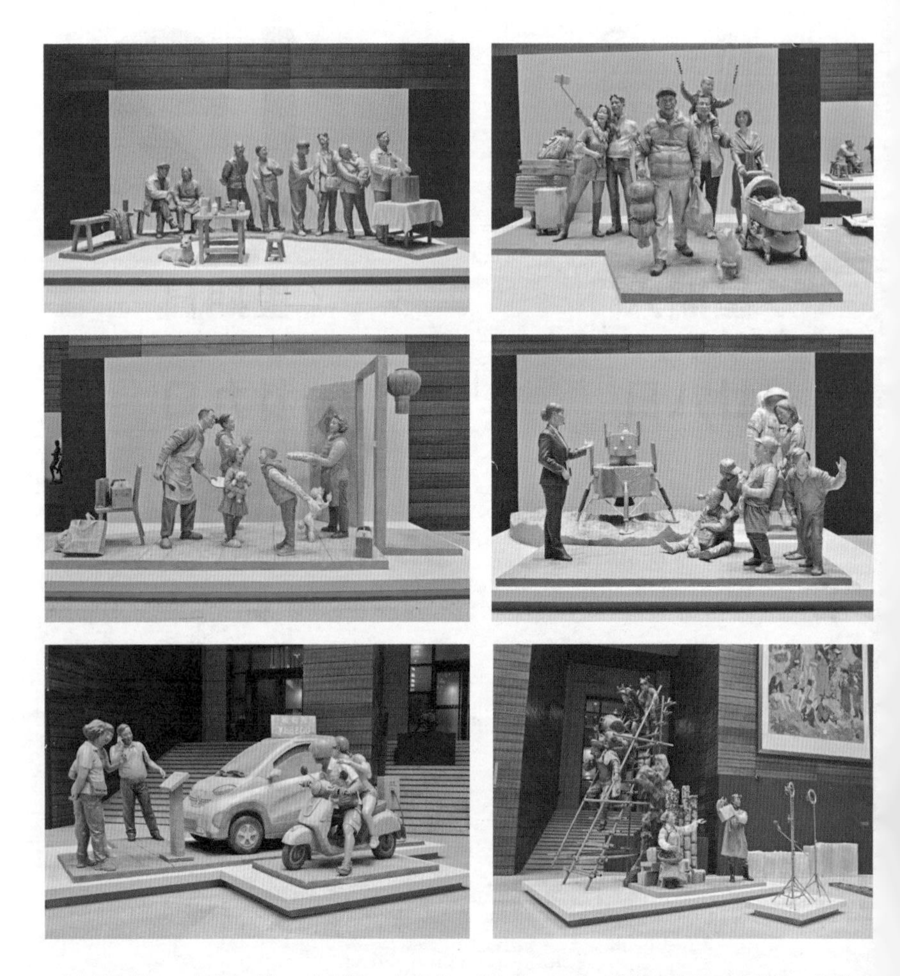

《幸福之路——全面小康》　焦兴涛、申晓南、龚吉伟、刁伟、张翔、李震、尹代波、杨洲、姜凡、华丽丽、应萍、石鸿杰、张超、娄金、谢勋、梁治华、王韦、谭军、王玖、杜培菲

雕塑　尺寸不详　2021年

2023

十一月小

13

癸卯年十月大 初一日	初十小雪	星期一

MONDAY, NOV. 13

《山中》　韦嘉　丙烯画　205cm×260cm　2022年

2023

十一月小

14

癸卯年十月大 初二日	初十小雪	星期二

TUESDAY, NOV. 14

雲南藝術學院
YUNNAN ARTS UNIVERSITY

云南艺术学院美术学院始建于1959年。历经63年的建设历史，云南艺术学院美术学院涌现出丁绍光、蒋铁峰、袁晓岑、唐志冈等一批享誉国际的业内领军人物。立足云南丰富的民族文化和地域资源，凭借辐射南亚、东南亚的地理区位优势，彰显兼容并蓄、前沿创新的专业特色。致力于培养服务社会经济、文化发展需求的一流绘画人才，产出满足社会经济和人民文化生活需要及国家文化推广的战略需求成果。

学院坚持“立德树人”，将云南民族文化、生物多样性资源优势转化为教学研究创作成果，以艺术助力乡村振兴，打造世界级文旅产业，推动跨区域间艺术交流互动，将文化影响力辐射南亚、东南亚乃至全球。依托区域优势与民族美术特色，发挥专业集群优势，探索新时期美术人才培养模式的创新与实践，实现展览带动科研、教学。

近年来，师生创作绘画作品入选五年一届的全国最高级别的美术大展16件；入选国家级美术作品展300余件，作品被大英博物馆、日内瓦万国宫博物馆、中国国家博物馆、中国美术馆等机构收藏。搭建高规格国际绘画交流平台，成功举办中德、中俄、中意等艺术交流展。共获批国家艺术基金30项，获批数居全国艺术类院校前列。现与中央美术学院、中国美术学院等顶尖高校和国家级美术馆形成协同合作，共搭建教学实践平台、写生基地、校企校地基地36个，互联网教学平台3个。对标意大利佛罗伦萨美术学院进一步提升专业高质量发展。

云南艺术学院的美术学学科现有专任教师70人，高级职称占比51.8%，教育部教指委委员1人，获国家津贴专家1人，中国美协艺委会副主任、委员2人。2003年获硕士学位授予权，2009年获批为艺术硕士(MFA)专业学位培养单位，2009年列为省级博士点建设重点培养单位获首批国家级一流课程2门，2019年获批设立省级博士后科研工作站，在教育部第四轮学科评估中获评“B”档。获批国家级一流本科专业建设点4个，获批国家社科基金艺术学重大项目（子课题）1项，国家级新文科研究与改革实践项目立项3项，国家艺术基金立项30项，占本省总量60%以上。

云南艺术学院的名师们为新中国美术事业的发展做出了重要贡献。本校二级教授、博士生导师郭浩，研究领域：美术理论与版画创作研究。现任云南艺术学院党委副书

2023

十一月小

15

癸卯年十月大 初三日	初十小雪	星期三

WEDNESDAY, NOV. 15

记、校长、美术学院美术学学科带头人。教育部高等学校美术学教学指导委员会委员、教育部全国专业学位研究生教育指导委员会（美术领域）专家委员、教育部高等学校审核评估专家、云南省高校美术学类教指委主任委员、中国美术家协会连环画艺委会副主任。二级教授、硕士研究生导师陈流，研究领域：水彩、油画创作与研究。现任云南艺术学院美术学院党委副书记、院长，中国美术家协会水彩粉画艺委会委员，云南省美术家协会副主席，高等学校美术学类专业教育指导委员会委员，第十二届和第十三届政协委员。享受国家及省级政府特殊津贴，被评为云南省云岭文化名家，获得五一劳动奖章。

云南艺术学院现有音乐学院、舞蹈学院、戏剧学院、电影电视学院、美术学院、设计学院、艺术管理学院、高等职业教育学院与继续教育学院、民族艺术研究院、马克思主义学院、公共教学部、体育教学部12个教学单位，1个附属艺术学校。有本科专业35个，涉及艺术学、文学、管理学和工学等学科门类。现有艺术学理论、音乐与舞蹈学、戏剧与影视学、 美术学、设计学5个一级学科硕士学位授予点，有音乐、戏剧、戏曲、电影、广播电视、舞蹈、美术、艺术设计8个艺术硕士专业领域学位授予权。

2009年获批博士学位授予权云南省培育建设单位，2019 年获批艺术学理论省级博士后科研工作站。有省级重点学科5个、省级优势特色学科2个、省级“A”类高原学科3个，云南省协同创新中心、重点实验室、工程研究中心、基地、智库等省部级科研平台8个，省级教学、科研团队10个。在教育部第四轮学科评估中，美术学、戏剧与影视学、音乐与舞蹈学、设计学、艺术学理论多项指标在参评院校中名列前茅。

现有国家一流本科专业建设点9个，云南省一流本科专业建设点6个，在26个招生专业中占比57.7%。2020年，在国家一流本科课程“双万计划”中，有6门课程被认定为国家级一流课程，10门课程被认定为省级一流课程，位列云南省第三，全国艺术类院校排名第一。

学校60余年办学历程中，主动服务国家和云南省发展战略。进入新时代，抢抓“一带一路”和“双一流”建设重大机遇，以立德树人为根本任务，秉承“海涵地负、继往开来”的学校精神，“务实、求新、尚美”的校训，“相互欣赏、彼此成就”的校风，“博采众长、转益多师”的学风，“德厚艺精、授业树人”的教风，坚持“立足云南，服务全国，辐射东南亚，面向全世界”的战略定位，致力于把学校建成具有国际影响和鲜明特色的国内一流高等艺术院校。

云南艺术学院现任党委书记李建宇，院长郭浩。

2023

十一月小

16

癸卯年十月大 初四日	初十小雪	星期四

《青草地》　郭浩　版画　65cm×90cm　2000年

2023

十一月小

17

癸卯年十月大 **初五日**	初十小雪	**星期五**

《自行车修理——汤长根》　王继伟　油画　220cm×135cm　2002年

18

星期六

19

星期日

癸卯年十月大 初六日	初十小雪	癸卯年十月大 初七日

《云上风景·纳西NO.1》 张仲夏 雕塑 108cm×60cm×80cm 2009年

2023

十一月小

20

癸卯年十月大 初八日	初十小雪	星期一

MONDAY, NOV. 20

《礼赞大地》　陈流　水彩画　110cm×150cm　2013年

2023
十一月小

21

癸卯年十月大 初九日	明日小雪	星期二

雲南藝術學院
YUNNAN ARTS UNIVERSITY

《孤峰》　张炜　油画　80cm×160cm　2013年

2023

十一月小

22

癸卯年十月大 **初十日**	今日小雪	**星期三**

雲南藝術學院
YUNNAN ARTS UNIVERSITY

《花开花落·上下千年》 张鸣 版画 80cm×60cm 2014年

2023

十一月小

23

癸卯年十月大 十一日	廿五大雪	星期四

THURSDAY, NOV. 23

《高林滴露》 满江红 中国画 240cm×192cm 2015年

2023

十一月小

24

癸卯年十月大 十二日	廿五大雪	星期五

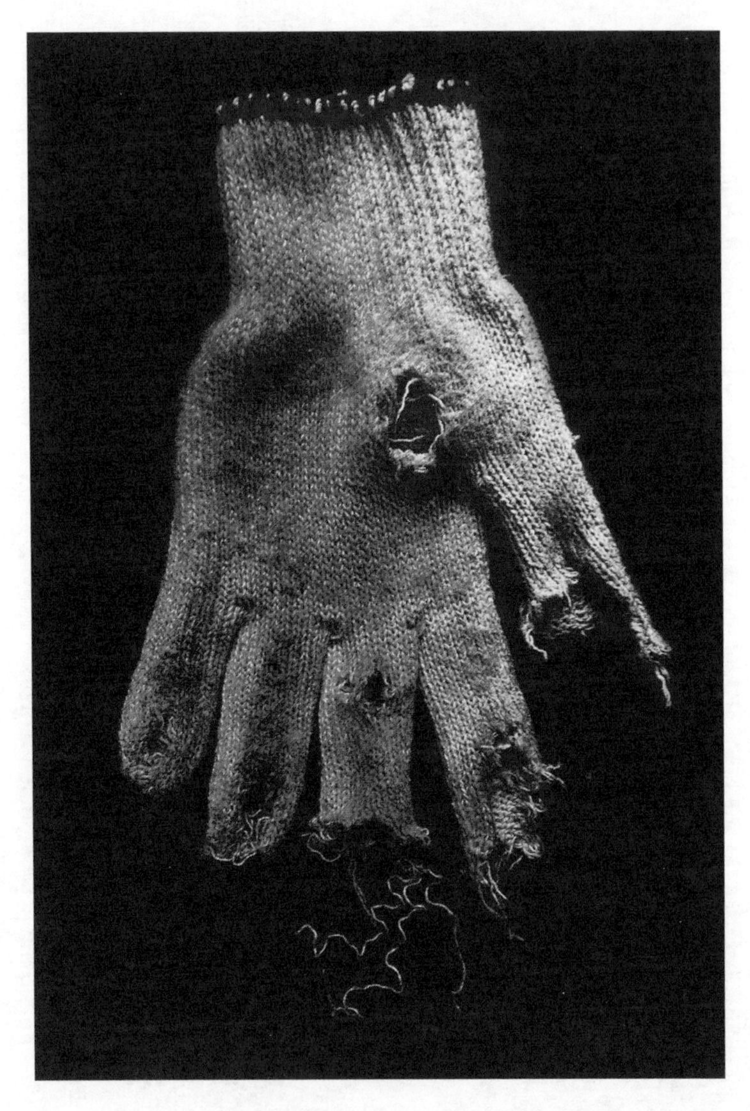

《手套·使命》　徐中宏　版画　119cm×81cm　2016年

25　26

星期六　星期日

癸卯年十月大 十三日	廿五大雪	癸卯年十月大 十四日

《谧静之塔》　曹悦　油画　150cm×180cm　2016年

2023

十一月小

27

癸卯年十月大 十五日	廿五大雪	星期一

《山花烂漫》　苏晓旺　水彩画　125cm×165cm　2018年

2023
十一月小

28

癸卯年十月大 十六日	廿五大雪	星期二

TUESDAY, NOV. 28

《白塔》　张焰　丙烯画　70cm×150cm　2018年

2023

十一月小

29

癸卯年十月大 十七日	廿五大雪	星期三

WEDNESDAY, NOV. 29

《山间歌声响》　边小强　油画　180cm×150cm　2019年

2023

十一月小

30

癸卯年十月大 十八日	廿五大雪	星期四

2023
12

《云上的二分之一故乡》　田菁　中国画　200cm×200cm　2019年

2023

十二月大

1

癸卯年十月大 十九日	廿五大雪	星期五

FRIDAY, DEC. 1

《祥云》　杨卫民　中国画　210cm×175cm　2019年

2023
十二月大

2　　3

星期六　　**星期日**

癸卯年十月大 **二十日**	廿五大雪	癸卯年十月大 **廿一日**

《时间的维度·渐行渐远》　陈光勇　版画　150cm×78cm　2019年

2023

十二月大

4

癸卯年十月大 廿二日	廿五大雪	星期一

《地铁幻想——一匹马的视角》　周立明　水彩画　100cm×150cm　2019年

2023

十二月大

5

癸卯年十月大 **廿三日**	廿五大雪	**星期二**

TUESDAY, DEC. 5

雲南藝術學院
YUNNAN ARTS UNIVERSITY

《雨散云收斜阳出》　张志平　中国画　245cm×124cm　2021年

2023

十二月大

6

癸卯年十月大 廿四日	明日大雪	星期三

WEDNESDAY, DEC. 6

雲南藝術學院
YUNNAN ARTS UNIVERSITY

《滇池晨辉》　胡鑫宇　版画　50cm×70cm　2022年

2023
十二月大

7

癸卯年十月大 廿五日	今日大雪	星期四

西安美術學院
XI'AN ACADEMY OF FINE ARTS

西安美术学院建校于1949年，前身为西北人民艺术学院二分部，于1960年5月正式定名为西安美术学院。自建校以来，广纳贤才、会聚名师，立足卓绝的延安精神和厚重的历史文化传统，传承红色基因，形成了独具特色的艺术教育理念，为国家的建设发展培养了大批优秀艺术人才，创作了许多在中国当代美术史上具有深远影响的作品，为繁荣社会主义艺术事业做出了重要贡献，产生了良好的社会声誉和影响。西安美术学院以育人为根本、以教学为中心、以教师为主体、以质量为生命、以繁荣文化为己任、秉承“艰苦创业，追求卓越”的精神，恪守“弘美厚德，借古开今”的校训，开创实施 “名家、名师、名生、名作、名校”之“五名”战略，发挥地域优势，突出西部特色，率先将书法和民间美术纳入课堂教学，长期坚持并重视周秦汉唐历史文化、延安革命文艺、西北民族民间艺术、当代“长安画派”与“黄土画派”四大传统和绘画、书法、美术史论、中国民间美术“四大基础”教学，逐渐形成了基础雄厚、结构合理、特色鲜明的美术教育体系。

学院目前拥有雁塔、长安和临潼三个校区。总占地面积约81万平方米。学院现有本科专业25个，设中国画学院、油画系、版画系、雕塑系、公共艺术系、设计艺术学院、建筑环境艺术系、服装系、实验艺术系、美术史论系、影视动画系、艺术教育学院、马克思主义学院（基础部）、体育部、造型艺术部、特殊教育艺术学院共16个本科教学系（部）。设有继续教育学院、附属中等美术学校、陕西省小学教师培训中心等教学机构。设有陕西（高校）哲学社会科学重点研究基地——“中国传统美术与西部美术研究中心”及“陕西省社会科学普及基地”“中华优秀传统文化传承基地”。其中陕西（高校）哲学社会科学重点研究基地下设黄土画派艺术研究院、刘文西艺术研究中心、信息艺术设计与产品造型协同创新中心、本原文化研究所、西部画风（长安画派、黄土画派）研究协同创新中心、具象表现绘画艺术研究中心、中国艺术与考古研究所、新中国美术研究所、艺术研究所、中国西部油画艺术研究中心、图像研究所、中国传统符号设计研究中心、中国雕塑艺术研究所、王子云艺术研究中心、安康瀛湖产学研示范基地艺术创作研究基地、合阳产学研示范基地艺术创作研究基地、紫阳西安美术学院产学研一

2023

十二月大

8

癸卯年十月大 廿六日	初十冬至	星期五

FRIDAY, DEC. 8

西安美術學院
XI'AN ACADEMY OF FINE ARTS

体化示范基地、安康西安美术学院产学研一体化示范基地共18个科研机构。

近年来，获批“国家万人计划哲学社会科学领军人才”“文化名家暨‘四个一批’”“省级教学名师”“特支计划”“省青年杰出人才支持计划”等各级各类高层次人才称号20余人。国家艺术基金立项数连续五年排名全国专业美术院校第一。2019年至2022年，中国画、绘画、雕塑、视觉传达设计、环境设计、美术学、服装与服饰设计、动画、工艺美术、艺术与科技、实验艺术、公共艺术、摄影、产品设计等14个专业相继获批国家级一流专业，书法学、艺术史论等20个专业获批省级一流专业，国家级一流专业覆盖比67%，居全国专业美术院校前列。主动融入秦创原，服务“一带一路”建设，以视觉设计塑造中国形象、陕西形象、西安形象，圆满完成十四运会会徽、吉祥物、火炬、体育图标、颁奖礼仪服等视觉形象及延伸设计。承担中国驻亚美尼亚使馆艺术品创作及馆舍新建工程、国庆70年阅兵式陕西彩车、人民美术出版社石狮复制项目、西安地铁等100多个重大建设项目和地方人文景观设计项目，师生用麦秸秆创作的《大雁塔》《跪射俑》被指定为里约残奥会中国代表团国礼。

学院现拥有美术学、设计学和艺术学理论三个一级学科博士、硕士学位授予权，是国务院学位委员会批准的首批硕士授权单位（1981年）和第九批博士授权单位（2003年），2004年成为第一批艺术硕士（MFA）专业学位研究生培养单位。2011年获得三个一级学科博士授予权，分别获批为省级重点学科、国家级重点培育学科，同年学院被列入陕西省重点建设的十一所高水平、有特色大学行列。2014年，学院获批美术学博士后科研流动站。2017年，美术学、设计学和艺术学理论三个一级学科在全国第四轮学科评估中，分别获得“A”“B+”和“B”档的成绩，优秀率为33.3%，陕西省高校参评学科优秀率排名第二。2018年三个一级学科均顺利通过教育部学位授权点合格评估，同年学院被陕西省列为“国内一流大学建设高校”，美术学被列为“国内一流大学建设高校”的建设学科。

西安美术学院办学成就卓著、蜚声宇内，聚集和造就了大批优秀艺术人才，以冯友石、叶访樵、王子云、邱石冥、陈瑶生、赵望云、何海霞、汪占非、郑乃珖、罗铭、余忠志、徐风、刘蒙天、石鲁、邸杰、刘旷、康师尧、武德祖、方济众、王履祥、樊文江、王崇人、蔡亮、马改户、谌北新、陈启南、刘文西、陈忠志、李习勤、张义潜、张之光、杨晓阳、王胜利、郭线庐、朱尽晖、郭北平、贺荣敏、赵农、吴昊、彭程、杨锋、刘永杰、陈国勇、张小琴、潘晓东、韩宝生、任焕斌为代表的一大批卓有成就的艺术家和美术教育工作者，都曾在这里撒播艺术的种子，留下耕耘的足迹。

此外还有国家级、省级教学名师：刘文西、杨晓阳、王胜利、郭北平、郭线庐、朱尽晖、赵农、彭程、杨锋、贺丹、姜怡翔、李云集、吴昊、贺荣敏、周维娜、张浩、王志刚、李四军、屈健、刘晨晨、史纲；国家级、省级师德先进工作者：孙鸣春、赵农、吴昊、刘永杰、李玉田、刘文西、杨锋、王保安；国家级、省级优秀教师：武永年、王晓、朱尽晖、胡月文。

西安美术学院现任党委书记李智军，院长朱尽晖。

2023
十二月大

9 星期六		10 星期日
癸卯年十月大 廿七日	初十冬至	癸卯年十月大 廿八日

《山沟里的笑声》　李习勤　版画　120cm×120cm　1984年

2023

十二月大

11

癸卯年十月大 廿九日	初十冬至	星期一

MONDAY, DEC. 11

《山姑娘》　刘文西　中国画　199cm×192.5cm　1984年

2023

十二月大

12

癸卯年十月大 三十日	初十冬至	星期二

《信息——开发人类智慧的契机》　郭线庐　宣传画　90cm×160cm　1984年

2023

十二月大

13

癸卯年十一月小 初一日	初十冬至	星期三

WEDNESDAY, DEC. 13

《老长安》 邢永川 雕塑 67cm×42cm×24cm 1987年

2023
十二月大

14

癸卯年十一月小 **初二日**	初十冬至	**星期四**

THURSDAY, DEC. 14

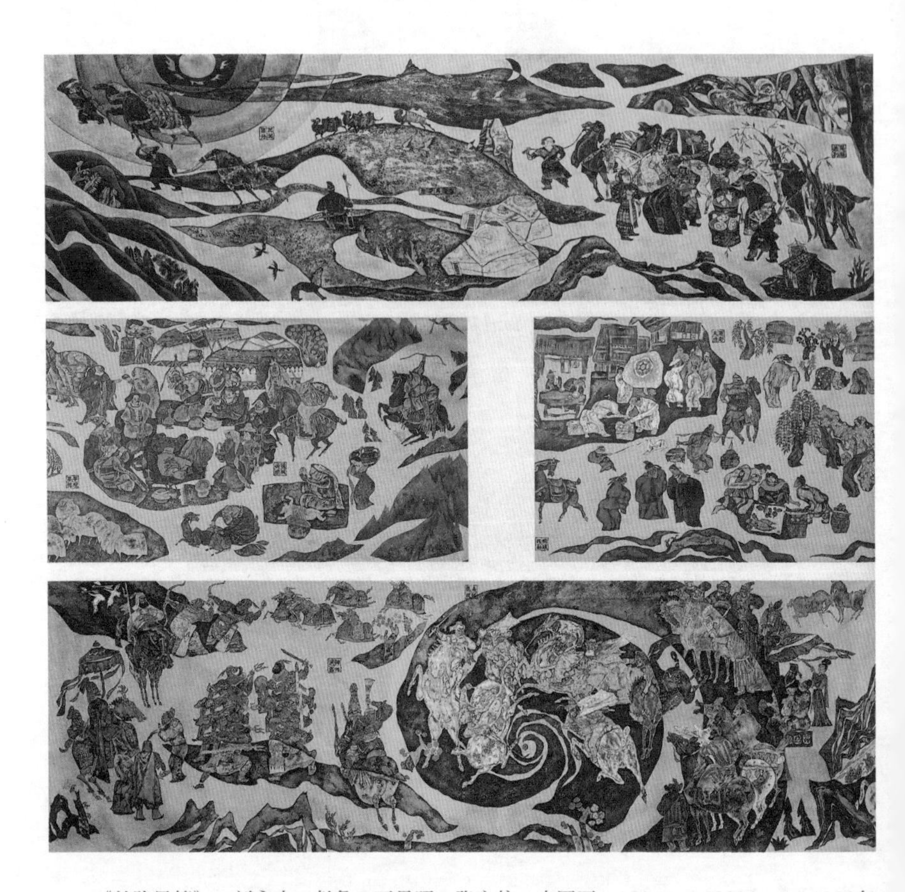

《丝路风情》　刘永杰、彭蠡、石景昭、张立柱　中国画　150cm×12000cm　1989年

2023

十二月大

15

癸卯年十一月小 **初三日**	初十冬至	**星期五**

西安美術學院
XI'AN ACADEMY OF FINE ARTS

《石鲁》　郭北平　油画　162cm×130cm　1999年

16　17

星期六		星期日
癸卯年十一月小 **初四日**	初十冬至	癸卯年十一月小 **初五日**

西安美術學院
XI'AN ACADEMY OF FINE ARTS

《订单——方圆故事》 李瑾 设计 22.1cm×19.9cm 2016年

2023
十二月大

18

癸卯年十一月小 初六日	初十冬至	星期一

MONDAY, DEC. 18

《丝路冰川》　朱尽晖　中国画　184cm×192cm　2018年

2023

十二月大

19

癸卯年十一月小 初七日	初十冬至	星期二

《中国声音》　王保安　中国画　233cm×184cm　2019年

2023
十二月大

20

癸卯年十一月小 初八日	初十冬至	星期三

WEDNESDAY, DEC. 20

西安美術學院
XI'AN ACADEMY OF FINE ARTS

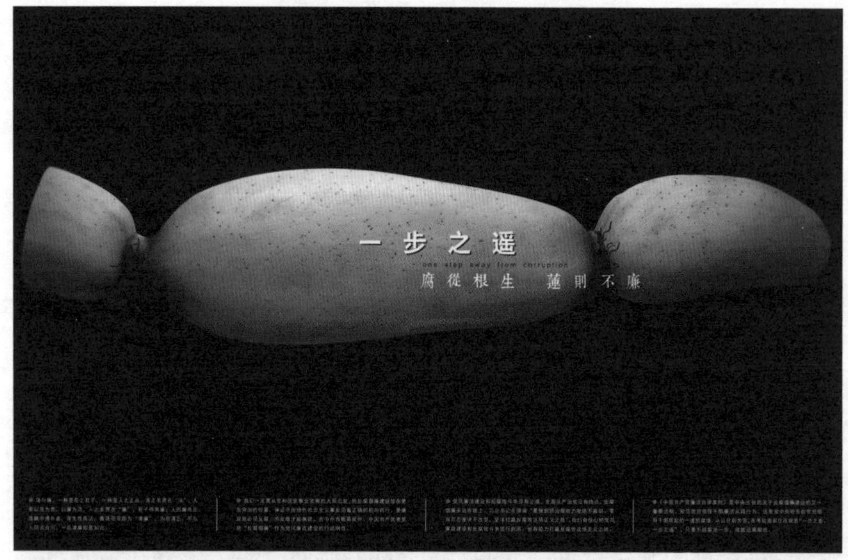

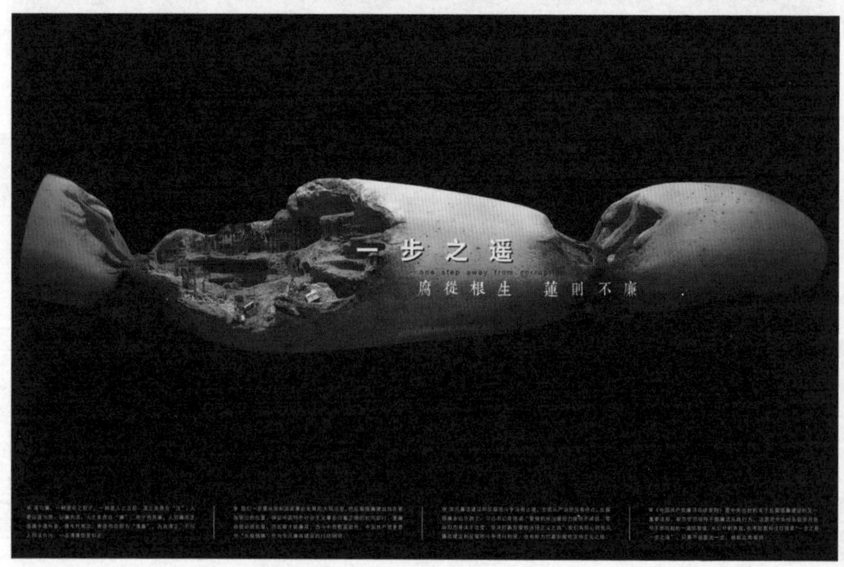

《一步之遥——腐从根生　莲则不廉》　史纲　设计　120cm×80cm　2019年

2023

十二月大

21

癸卯年十一月小 初九日	明日冬至	星期四

西安美術學院
XI'AN ACADEMY OF FINE ARTS

《路遥与〈平凡的世界〉》 吕书峰 中国画 310cm×610cm 2019年

2023
十二月大

22

癸卯年十一月小 **初十日**	今日冬至	一九第一天 **星期五**

《蔡元培》　刘西洁　中国画　180cm×97cm　2019年

2023
十二月大

23 24

星期六 星期日

一九第二天 十一日	廿五小寒	一九第三天 十二日

西安美術學院
XI'AN ACADEMY OF FINE ARTS

《秦腔人生》　张元稼　油画　206cm×470cm　2019年

2023

十二月大

25

癸卯年十一月小 十三日	廿五小寒	一九第四天 星期一

《本命年》　何军　油画　150cm×200cm　2019年

2023

十二月大

26

癸卯年十一月小 十四日	廿五小寒	一九第五天 星期二

西安美術學院
XI'AN ACADEMY OF FINE ARTS

《廿一岁》 林达蔚 油画 200cm×90cm 2019年

2023
十二月大

27

癸卯年十一月小		一九第六天
十五日	廿五小寒	**星期三**

《方志敏烈士》　王志刚　雕塑　87cm×43cm×40cm　2020年

2023

十二月大

28

癸卯年十一月小 十六日	廿五小寒	一九第七天 星期四

中国陕西 2021
SHAANXI CHINA

《第十四届全运会会徽》　张浩、高扬　设计　尺寸可变　2021年

中国陕西 2021
SHAANXI CHINA

《第十四届全运会吉祥物》　张浩、赵阳　设计　尺寸可变　2021年

2023

十二月大

29

癸卯年十一月小 十七日	廿五小寒	一九第八天 星期五

《和谐号》　贺丹　油画　300cm×800cm　2021年

2023
十二月大

30 31

星期六 星期日

一九第九天 十八日	廿五小寒	二九第一天 十九日

索引

中央美術學院
Central Academy of Fine Arts
（1月20日至2月10日）

中國美術學院 China Academy of Art
（2月11日至3月6日）

《我们的队伍来了》 张漾兮 版画

《入党宣誓》 莫朴 油画

《黄山松谷五龙潭》 黄宾虹 中国画

《两个羊羔》 周昌谷 中国画

《粒粒皆辛苦》 方增先 中国画

《延安火炬》 蔡亮 油画

《渔获丰收》 林风眠 油画

《四季春》 赵宗藻 版画

《横眉冷对千夫指》 赵延年 版画

《记写雁荡山花图》 潘天寿 中国画

《小龙湫下一角》 潘天寿 中国画

《在风浪里成长》 李震坚 中国画

《艳阳天》 方增先 中国画

《支柱》 张怀江 版画

《祖国的脉搏》 颜文樑 油画

《义勇军进行曲》 全山石、翁诞宪 油画

《西湖秋胜图》 吴山明、卓鹤君、闵学林、王冬龄等 中国画

《攻坚》 杨奇瑞等 雕塑

南京藝術學院 NANJING UNIVERSITY OF THE ARTS
（3月7日至3月29日）

《秋菊白鸡》 陈之佛 中国画

《半身女人像》 张华清 油画

《一唱雄鸡天下白》 陈大羽 中国画

《老辅导》 冯健亲 油画

《黄山立雪台晚翠图》 刘海粟 中国画

《诗的沉醉》 苏天赐 油画

《渡口细雨》 沈行工 油画

《春华》 杨春华 版画

《九九春运图》 于友善 中国画

《郑和下西洋》 冯健亲、黄培中、邬烈炎、张承志 壁画

《春华秋实》 苏凌、朱道平 漆画

《羽琳琅》 周京新 中国画

《Thomas 肖像 · No.3》 毛焰 油画

《诗歌插图》 李小光 版画

《永恒的记忆》 李永清 漆画

《雪龙号》 张新权 油画

《云山四季屏》 方骏 中国画

《大沉香》 黄鸣 油画

朴真至美 中正大雅

清華大學美術學院
Academy of Arts & Design, Tsinghua University
（3月30日至4月21日）

《印刷工人》 陈叔亮 版画

《匣》 庞薰琹 设计

《圭元图案集——瓷器图案》 雷圭元 设计

《白求恩》 吴劳 雕塑

《人民大会堂大礼堂天顶灯饰》 奚小彭 设计

《人民大会堂用瓷——青花茶壶》 梅健鹰 设计

《大闹天宫》 张光宇 设计

《紫与白的菊花》 庞薰琹 油画

《〈大浪淘沙〉唱片封套》 袁迈 设计

《草原轻骑》 阿老 中国画

《月季与菠萝》 卫天霖 油画

《哪吒闹海》（局部） 张仃 壁画

《森林之歌》（局部） 祝大年 壁画

《吴劳》 郑可 雕塑

《大紫荆蛱蝶》 俞致贞 中国画

《千峰竞秀万木争春》 白雪石 中国画

《双燕》 吴冠中 油画

《长江万里图》 袁运甫 壁画

天津美术学院
TIANJIN ACADEMY OF FINE ARTS
（4月22日至5月15日）

《白梅斑鸠》 孙其峰 中国画

《山花烂漫》 孙其峰、霍春阳 中国画

《没有共产党就没有新中国》 张京生、王元珍 油画

《碧水金荷》 贾广健 中国画

《豆蔻年华》 赵栗晖 中国画

《凝固系列——寻之一》 姜中立 油画

《万物生Ⅰ》 寇疆晖 版画

《燃灯节》 于小冬 油画

《手机围城》 刘悦 油画

《墨魂——徐渭》 郑金岩 油画

《景观之一》 郭鉴文 版画

《彩虹艺术计划》 谭勋 雕塑

《满园春》 李云涛 中国画

《倪瓒之——在太湖》 陈钢 雕塑

《吉祥甘南》 徐展 中国画

《夏河散记》 董克诚 水彩画

《苗岭飞歌——盛装》 范敏 版画

《馨香鸟归》 周午生 中国画

鲁迅美術學院
LUXUN ACADEMY OF FINE ARTS
（5月16日至6月7日）

《八女投江》　王盛烈　中国画

《黄巢起义军入长安》　王绪阳　中国画

《集市》　赵大鹏　摄影

《走向世界》　田金铎　雕塑

《吉祥蒙古》　韦尔申　油画

《济南战役》　李福来、晏阳、曹庆棠、李武、吴云华、周福先、张鸿伟、杨海、刘希倬、李宪吾、孙兵、吴青林　全景画

《赤壁大战》（局部）　宋惠民、李福来、任梦璋、晏阳、王希奇、及云辉、王君瑞、王岩、王铁牛、王辉宇、刘仁杰、刘希倬、齐程翔、许荣初、李岩、吴云华、杨为铭、郑艺、张辉、张澎、赵明、赵鹰、曹庆棠、薛志国　全景画

《复兴之路》（局部）　田奎玉　设计

《工程掘进机》　杜海滨、焦宏伟　设计

《“汇聚”——第十二届全运会火炬塔及舞台》　马克辛、曹德利、金常江、赵时珊、尹航　设计

《中国人民抗日战争暨世界反法西斯战争胜利70周年》　李晨　设计

《郑成功收复台湾》　许勇　中国画

《旗帜》　李象群、鲁迅美术学院雕塑艺术学院　雕塑

《中国冰雪运动吉祥物——冰雪娃娃》　鲁迅美术学院艺术学院　设计

《澳门回归升旗仪式》　及云辉、陈旭、张贯一、李鹏鹏、王腾、李武　油画

《致敬——最美逆行者》　张志坚、刘海洋、李卓、张剑、李陶然、高明　油画

《勇攀珠峰》　张志坚、刘海洋、张剑、李陶然　油画

《追梦》　贺中令、李象群、洪涛、李遂、朱光宇、吴彤、沙泉、商占祥、张伟　雕塑

（6月8日至6月30日）

《未来世界》 王晓明 油画

《杨靖宇将军》 胡悌麟、贾涤非 油画

《星际系列》 赵坤 油画

《那方水土》 孙昌武 油画

《长白日记之通往天池的路》 刘兆武 油画

《高原阳关》 刘君 雕塑

《喜柿图》 贾涤非 油画

《老宅记忆》 韩文华 雕塑

《远方的海》 郃浩然 油画

《诗意的大地》 王建国 油画

《生生不息》 史国娟 中国画

《跑马场的马戏》 俞健翔 油画

《传人》 缪肖俊 中国画

《浮生·水》 任传文 油画

《长白老林》 赵开坤 油画

《肖像系列》 何军 素描

《冬之恋曲》 陆南 油画

《白玫瑰》 刘大明 油画

（7月1日至7月24日）

《抗震救灾第一线》 王世刚 雕塑

《快乐童年系列》(左)《遥远的记忆》(右)

吕金泉 陶瓷

《中国写意 NO.44 鉴宝者》 吕品昌 雕塑

《时光曾经过这里》 王协军 油画

《景德镇——一种方式》 金文伟 设计

《圣·敦煌》 罗小聪 瓷板画

《坍塌—晚明之一》 赵兰涛 设计

《关于群化的遗落者》 王世荣 雕塑

《芫秽》 张晴倬 瓷板画

《禁果》 陈颖慈 设计

《情系陕北》 肖瑶 雕塑

《疑似梦境回童年》 李磊颖 瓷板画

《水之影》(上)《烟波友》(下) 汤正庚 瓷板画

《化象》 张小池 雕塑

《画像》系列 张琨 瓷板画

《大江东去》 黄胜 雕塑

《飞流直下三千尺》 詹伟 瓷板画

《核》 王春木 雕塑

山东艺术学院
SHANDONG UNIVERSITY OF ARTS
（7月25日至8月16日）

《斗霸》 张洪祥 油画

《雀巢》 王力克 油画

《鸟为花飞》 程林新 油画

《血战台儿庄》 徐青峰 油画

《田野》 梁文博 中国画

《写意孔府》 张志民 中国画

《在远方》 谭智群 油画

《山韵系列之——有无之间》 王兴堂 中国画

《暖阳》 宋海永 油画

《远方的风景》 赵旸 油画

《时间之象》 杨斌 中国画

《丽影》 管朴学 油画

《呦呦鹿鸣》 马蕾 油画

《蒙山儿女》 王沂东 油画

《青春的印记》 华杰 中国画

《吉祥祖国》 李善阳 油画

《黄河人家》 卢晓峰 中国画

《海岛纪事——朝霞》 张新文 油画

湖北美术学院
HUBEI INSTITUTE OF FINE ARTS
（8月17日至9月8日）

《“七七”的号角》 唐一禾 油画

《穿皮大衣的老人》 杨立光 油画

《志愿军无名英雄像》 张祖武 雕塑

《最后一根钢梁》 武石 版画

《在二·七工人俱乐部里》 刘依闻 油画

《寓言雕塑——盲人摸象》 刘政德 雕塑

《楚乐》 唐小禾、程犁 壁画

《爷爷的河》 尚扬 油画

《月牙儿》 徐勇民、李全武 油画

《行走的人》 石冲 油画

《心原》 李峰 中国画

《绿树绕村含细雨》 邵声朗 中国画

《颤动的山地》 张广慧 版画

《暖月亮》 陈孟昕 中国画

《鲜果》 刘寿祥 水彩画

《亮宝节上的人们》 许海刚 水彩画

《无题》 曾梵志 油画

《阳光下的大桥浇筑工》 曹丹 版画

朴真至美 中正大雅

广州美术学院

（9月9日至9月30日）

《牛犋变工队》 胡一川 版画

《一辈子第一回》 杨之光 中国画

《武汉防汛图》 黎雄才 中国画

《戴红帽的女青年像》 郭绍纲 油画

《石谷新田》 林丰俗 中国画

《绿色长城》 关山月 中国画

《大刀进行曲》 潘鹤、梁明诚 雕塑

《大叶紫薇》 王肇民 水彩画

《开荒牛》 潘鹤 雕塑

《黑牡丹白牡丹》 郑爽 版画

《广州起义》 郭润文 油画

《龙腾虎跃》 陈金章 中国画

《夏有凉风之二》 黄启明 版画

《上海世博会中国国家馆展示设计》 广州美术学院旗下广东省集美设计工程有限公司 设计

《冰墩墩》 2022 年北京冬奥会吉祥物冰墩墩广州美术学院设计团队 设计

《长江之歌》 李劲堃、林杨杰、莫菲、黄涛 中国画

《创办经济特区》 范勃、郭祖昌、林锋 油画

《屏视世界：融合与聚变》 广州美术学院新媒体服装艺术展演 设计

广西艺术学院 Guangxi Arts University

（10月1日至10月22日）

《长风铸春秋》 石向东 雕塑

《壮乡情韵》 阳山 中国画

《夏去秋来》 黄菁 油画

《青影》 梁业健 版画

《往梦 · 依稀》 王芯宇 水彩画

《乡韵》 张冬峰 油画

《恰同学少年 · NO.8》 何光 油画

《笙声不息》 郑军里 中国画

《一天》 胡昕 中国画

《壮乡情韵》 黄文洋 雕塑

《太湖石与竹》 黄少鹏 综合材料绘画

《云端上的歌》 黄月新 雕塑

《凌霜绽放之二》 雷务武 版画

《百鸟衣》之一 潘丽萍 插图

《绿水青山》 韦俊平 中国画

《石上人家写生亭》 黄格胜 中国画

《红土甘蔗》 谢森 油画

《油茶飘香》 黄超成 水彩画

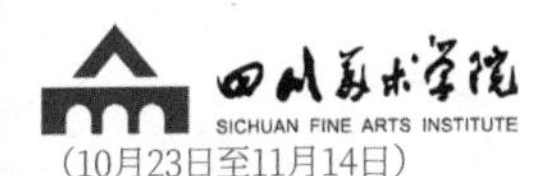

（10月23日至11月14日）

《飞夺泸定桥》 刘国枢 油画

《收租院》 赵树同、王官乙、李绍端、龙绪理、张绍熙、廖德虎、范得高、姜全贵、李奇生、张富纶、唐顺安、任义伯、伍明万、龙德辉、隆太成、黄守江、洛加泽仁、马黑土格、李美述 雕塑

《父亲》 罗中立 油画

《春风已经苏醒》 何多苓 油画

《苹果熟了》 庞茂琨 油画

《歌乐山烈士群雕》 江碧波、叶毓山 雕塑

《红岭》 唐允明 中国画

《霜重巴山》 李文信 中国画

《飞翔》 康宁 版画

《一切早已存在，只有经过时显形》 钟飙 丙烯画

《黄山松涛》 黄越 中国画

《盛世年华》 王朝刚 油画

《烈火青春》 焦兴涛 雕塑

《战斗在黎明前的黑暗》 张杰 油画

《丹江口库区的移民搬迁与南水北调世纪工程》 陈树中、陈一墨 油画

《冬去春来》 焦兴涛、申晓南、龚吉伟、应平、刁伟、姜凡、杨洲、张超、王韦、赵強、张文先 雕塑

《幸福之路——全面小康》 焦兴涛、申晓南、龚吉伟、刁伟、张翔、李震、尹代波、杨洲、姜凡、华丽丽、应萍、石鸿杰、张超、娄金、谢勋、梁治华、王韦、谭军、王玖、杜培菲 雕塑 尺寸不详

《山中》 韦嘉 丙烯画

雲南藝術學院 YUNNAN ARTS UNIVERSITY

（11月15日至12月7日）

《青草地》 郭浩 版画

《自行车修理——汤长根》 王继伟 油画

《云上风景 · 纳西 NO.1》 张仲夏 雕塑

《礼赞大地》 陈流 水彩画

《孤峰》 张炜 油画

《花开花落 · 上下千年》 张鸣 版画

《高林滴露》 满江红 中国画

《手套 · 使命》 徐中宏 版画

《谧静之塔》 曹悦 油画

《山花烂漫》 苏晓旺 水彩画

《白塔》 张焰 丙烯画

《山间歌声响》 边小强 油画

《云上的二分之一故乡》 田菁 中国画

《祥云》 杨卫民 中国画

《时间的维度 · 渐行渐远》 陈光勇 版画

《地铁幻想——一匹马的视角》 周立明 水彩画

《雨散云收斜阳出》 张志平 中国画

《滇池晨辉》 胡鑫宇 版画

西安美術學院 XI'AN ACADEMY OF FINE ARTS

（12月8日至12月31日）

《山沟里的笑声》 李习勤 版画

《山姑娘》 刘文西 中国画

《信息——开发人类智慧的契机》 郭线庐 宣传画

《老长安》 邢永川 雕塑

《丝路风情》 刘永杰、彭鑫、石景昭、张立柱 中国画

《石鲁》 郭北平 油画

《订单——方圆故事》 李瑾 设计

《丝路冰川》 朱尽晖 中国画

《中国声音》 王保安 中国画

《一步之遥——腐从根生莲则不廉》 史纲 设计

《路遥与〈平凡的世界〉》 吕书峰 中国画

《蔡元培》 刘西洁 中国画

《秦腔人生》 张元稼 油画

《本命年》 何军 油画

《廿一岁》 林达蔚 油画

《方志敏烈士》 王志刚 雕塑

《第十四届全运会会徽》 张浩、高扬 设计

《第十四届全运会吉祥物设计》 张浩、赵阳 设计

《和谐号》 贺丹 油画

2024

甲辰

1

日	一	二	三	四	五	六
	1 元旦	2 廿一	3 廿二	4 廿三	5 廿四	6 小寒
7 廿六	8 廿七	9 廿八	10 廿九	11 12月大	12 初二	13 初三
14 初四	15 初五	16 初六	17 初七	18 初八	19 初九	20 大寒
21 十一	22 十二	23 十三	24 十四	25 十五	26 十六	27 十七
28 十八	29 十九	30 二十	31 廿一			

2

日	一	二	三	四	五	六
				1 廿二	2 廿三	3 廿四
4 立春	5 廿六	6 廿七	7 廿八	8 廿九	9 除夕	10 春节
11 初二	12 初三	13 初四	14 初五	15 初六	16 初七	17 初八
18 初九	19 雨水	20 十一	21 十二	22 十三	23 十四	24 元宵节
25 十六	26 十七	27 十八	28 十九	29 二十		

3

日	一	二	三	四	五	六
					1 廿一	2 廿二
3 廿三	4 廿四	5 惊蛰	6 廿六	7 廿七	8 妇女节	9 廿九
10 2月大	11 初二	12 初三	13 初四	14 初五	15 初六	16 初七
17 初八	18 初九	19 初十	20 春分	21 十二	22 十三	23 十四
24 十五	25 十六	26 十七	27 十八	28 十九	29 二十	30 廿一
31 廿二						

4

日	一	二	三	四	五	六
	1 廿三	2 廿四	3 廿五	4 清明节	5 廿七	6 廿八
7 廿九	8 三十	9 3月小	10 初二	11 初三	12 初四	13 初五
14 初六	15 初七	16 初八	17 初九	18 初十	19 谷雨	20 十二
21 十三	22 十四	23 十五	24 十六	25 十七	26 十八	27 十九
28 二十	29 廿一	30 廿二				

5

日	一	二	三	四	五	六
			1 劳动节	2 廿四	3 廿五	4 青年节
5 立夏	6 廿八	7 廿九	8 4月小	9 初二	10 初三	11 初四
12 母亲节	13 初六	14 初七	15 初八	16 初九	17 初十	18 十一
19 十二	20 小满	21 十四	22 十五	23 十六	24 十七	25 十八
26 十九	27 二十	28 廿一	29 廿二	30 廿三	31 廿四	

6

日	一	二	三	四	五	六
						1 儿童节
2 廿六	3 廿七	4 廿八	5 芒种	6 5月大	7 初二	8 初三
9 初四	10 端午节	11 初六	12 初七	13 初八	14 初九	15 初十
16 父亲节	17 十二	18 十三	19 十四	20 十五	21 夏至	22 十七
23 十八	24 十九	25 二十	26 廿一	27 廿二	28 廿三	29 廿四
30 廿五						

7

日	一	二	三	四	五	六
	1 建党节	2 廿七	3 廿八	4 廿九	5 三十	6 小暑
7 初二	8 初三	9 初四	10 初五	11 初六	12 初七	13 初八
14 初九	15 初十	16 十一	17 十二	18 十三	19 十四	20 十五
21 十六	22 大暑	23 十八	24 十九	25 二十	26 廿一	27 廿二
28 廿三	29 廿四	30 廿五	31 廿六			

8

日	一	二	三	四	五	六
				1 建军节	2 廿八	3 廿九
4 7月大	5 初二	6 初三	7 立秋	8 初五	9 初六	10 七夕
11 初八	12 初九	13 初十	14 十一	15 十二	16 十三	17 十四
18 中元节	19 十六	20 十七	21 十八	22 处暑	23 二十	24 廿一
25 廿二	26 廿三	27 廿四	28 廿五	29 廿六	30 廿七	31 廿八

9

日	一	二	三	四	五	六
1 廿九	2 三十	3 8月大	4 初二	5 初三	6 初四	7 白露
8 初六	9 初七	10 教师节	11 初九	12 初十	13 十一	14 十二
15 十三	16 十四	17 中秋节	18 十六	19 十七	20 十八	21 十九
22 秋分	23 廿一	24 廿二	25 廿三	26 廿四	27 廿五	28 廿六
29 廿七	30 廿八					

10

日	一	二	三	四	五	六
		1 国庆节	2 三十	3 9月小	4 初二	5 初三
6 初四	7 初五	8 寒露	9 初七	10 初八	11 重阳节	12 初十
13 十一	14 十二	15 十三	16 十四	17 十五	18 十六	19 十七
20 十八	21 十九	22 二十	23 霜降	24 廿二	25 廿三	26 廿四
27 廿五	28 廿六	29 廿七	30 廿八	31 廿九		

11

日	一	二	三	四	五	六
					1 10月大	2 初二
3 初三	4 初四	5 初五	6 初六	7 立冬	8 初八	9 初九
10 初十	11 十一	12 十二	13 十三	14 十四	15 十五	16 十六
17 十七	18 十八	19 十九	20 二十	21 廿一	22 小雪	23 廿三
24 廿四	25 廿五	26 廿六	27 廿七	28 廿八	29 廿九	30 三十

12

日	一	二	三	四	五	六
1 11月大	2 初二	3 初三	4 初四	5 初五	6 大雪	7 初七
8 初八	9 初九	10 初十	11 十一	12 十二	13 十三	14 十四
15 十五	16 十六	17 十七	18 十八	19 十九	20 二十	21 冬至
22 廿二	23 廿三	24 廿四	25 廿五	26 廿六	27 廿七	28 廿八
29 廿九	30 三十	31 12月小				

图书在版编目（CIP）数据

2023美术日记 / 人民美术出版社编. -- 北京：人民美术出版社, 2022.10
ISBN 978-7-102-09023-8

Ⅰ.①2… Ⅱ.①人… Ⅲ.①历书－中国－2023
Ⅳ.①P195.2

中国版本图书馆CIP数据核字(2022)第175466号

2023美术日记

2023 MEISHU RIJI

编辑出版 人民美術出版社
（北京市朝阳区东三环南路甲3号 邮编：100022）
http://www.renmei.com.cn
发行部：（010）67517602
网购部：（010）67517743
责任编辑 高 珊 王 玥
装帧设计 翟英东
责任校对 白劲光
责任印制 胡雨竹
制　　版 朝花制版中心
印　　刷 鑫艺佳利（天津）印刷有限公司
经　　销 全国新华书店

开　本：889mm×1194mm　1/32
印　张：21.25
字　数：45千
版　次：2022年10月　第1版
印　次：2022年10月　第1次印刷
印　数：0001—5000册
ISBN 978-7-102-09023-8
定　价：128.00元
如有印装质量问题影响阅读，请与我社联系调换。（010）67517812